自衛隊青春日記

OGURI SINNOSUKE
小栗新之助

共栄書房

自衛隊青春日記◆目　次

はじめに

今からおよそ四〇年前、私はふとしたきっかけで自衛隊に入隊した。四年間の自衛隊生活を経て、除隊後も即応予備自衛官、予備自衛官として自衛隊に関わってきた。

今でこそ自衛隊は、それなりの歴史を有し、災害派遣などを通じて国民の理解も得られるようになってきたが、私が入隊した当時は、世間から色眼鏡で見られることがまだまだ多かった。行き場のない若者の就職先だったり、不良少年の更生の場として自衛隊が位置づけられていた感もある。実際、隊員も真面目な人間から何やら怪しい者まで、実に個性的な面々が揃っていた。

言うまでもなく自衛隊は厳しい規律を有する国の組織であり、その任務は命懸けである。外部から見れば閉鎖的な世界かもしれない。だが組織を構成する一人ひとりは生身の人間であり、そこには息づかいや喜怒哀楽がある。私は若き日の四年間を振り返るに、あの生き生きした仲間たちとの日々が、今もなお輝きを放っていることに気付く。同年代の若者たちが謳歌していたキャンパスライフなどとはずいぶん異なるかもしれないが、それは私にとって青春という以外に表しようのない、かけがえのない時間だったのである。

私たちは自衛隊の日々において、若い命の死も見つめてきた。

この本を書いたきっかけは、ともに飛行機に乗り二〇歳で亡くなったであろうA三曹と、三〇歳で亡くなった渡部一曹が生きていた事実を記録に残すことが、この二人とともに成人式を迎え六〇歳まで生き延びた私の使命ではないかと思ったからだ。

この本は、インターネットでも本でも調べられない、私が自ら体験した何の記録にも載っていない出来事と、戦争体験者から直接聞いた話を元にしている。四〇年前、パソコンどころかワープロも無いアナログ時代昭和を目を輝かせ生きていた、素朴で義理人情に厚い人間味あふれる若い自衛官仲間たちと四年間生活をともにする中で生まれた、今では考えられない体験を綴った実話である。


この本を読んでいただくうえで、一つお断りしておく。

これは巨大組織自衛隊のほんの一部の出来事であり、残っている資料と私の記憶をもとに書いた個人的感想で、ここに書かれた出来事は、現在の自衛隊・自衛官とはかなり異なっている。

第1章

陸上自衛隊入隊

1　自衛隊のカレー

一九七二年初夏の早朝、高崎線新町駅上り線ホームで、私は電車を待っていた。それは陸上自衛隊に入隊する為だった。

きっかけは、ある平日、パチンコ店開店早々から入店一時間程で負け、昼食代も無くなったのでアパートへ帰ろうとバイクを停めた駐輪場に行くと、そこに一人の男が立っていた。ノーネクタイで年季のはいった背広の男は、角刈りで背は低いがガッチリした体格で、一見刑事かヤクザのようだ。その男は「お兄さん、いい体してるね。自衛隊に入らない?」と、唐突にそれも無愛想に声を掛けてきた。

その男は自衛官募集業務を行う、自衛隊地方連絡部所属の自衛官だった。私は今の仕事に迷っていたので「結構です!」と即答もできず、「自衛隊ですか——」とあいまいな返事をした。するとその自衛官はすかさず「昼飯まだでしょう、食べに行きませんか」。私は近所の食堂にでも連れて行かれるのかと思ったら、「今日は良いよ、カレーだよー。自衛隊のカレーは美味いんだよ」と言いながら献立表を私に見せた。それは県内にある二箇所の自衛隊駐屯地の食堂の献立表の一つだ。

私はコック見習いをしていたので、美味いという自衛隊のカレーを食べてもみたいし、少しぐらい自衛隊の話を聞くのも良いかなと、軽い気持ちで昼飯がカレーだというその自衛隊駐屯地に行くことにした。その駐屯地は、榛名山の中腹に広い演習所がある陸上自衛隊相馬ヶ原駐屯地。高崎市内から車で四〇分程の所にあった。

正門では若い隊員が出入者の確認をしていた。地連の自衛官は私に対する感じとは違い、無愛想な態度でその若い隊員に身分証明書を見せていた。その駐屯地には沢山の桜の木があり満開で私を歓迎してくれるようだった。

食堂は正門から近いところにあり大変大きく、すでに大勢の隊員が並んでいた。食堂はセルフサービスなので地連の自衛官がその要領を教えてくれた。小判型の重いステンレス製の皿にご飯を自分で好みの量を盛り、カレーをかけてもらう。バナナと紙パック入りの牛乳が付いていたと記憶している。

私はコック見習いをしていて特にカレーは彼方此方のレストラン等で食べ歩きしていたので、この自衛隊の食堂のカレーが特別美味いとも思わなかったが、大量につくる為か実家のカレーよりは美味しく食べやすく感じた。また奢ってもらった手前もあり、「美味いですねー」と言ったら、その自衛官「自衛隊に入れば週に一度食べられるよ！」と嬉しそうに言った。

その三ヶ月後。カレーが食べたくて自衛隊入隊を決めた訳ではないが……。

私は新町駐屯地で健康診断を受け、翌日新隊員前期教育を受ける為、横須賀の武山駐屯地へ向かうことになっていた。早朝出発に備え、木造の古い工場か倉庫のようで薄暗く、とても人が寝泊りするような所ではない新町駐屯地の宿舎の、それも初めての二段ベッドで一泊させられ、不安もあり昨夜はあまり眠れなかった。

そこには私以外にも県内の入隊希望者二〇人程が集められていたが、朝の段階で二人、既に昨晩宿泊もせず一人、計三人が入隊を拒否し帰って行ったが、自分も帰りたい気持ちだった。間もなく上り上野行き電車が来ると、引率の地連担当自衛官に促され、皆黙って乗車した。

何度か乗り換え四時間以上掛かりやっと横須賀線久里浜駅に到着した。

そこに待っていたのは自衛隊のトラック（カーゴ）で、一・四メートル程の高さのダンプカーのような鉄板製の荷台に、公園などによくある木製のベンチのような長椅子が左右にあった。一八人程座れそうだが、座ったら尻が痛い。走り出したらやはりトラックだ、更に尻が痛くなった。

他の者も尻が痛いだろうが、皆無言だ。やっとなのか、とうとうなのか、二〇〜三〇分で自衛隊武山駐屯地第一教育団へ着いた。

まさかこの時は、四年間の常備自衛官と三年間の即応予備自衛官、それに予備自衛官合わせて四一年以上自衛隊に関わることになる第一歩とは思いもしなかった。

新町駐屯地から来た私たちは皆バラバラになり、私が所属する事になった部隊は、一〇四大隊三〇七中隊第〇営内班だ。無味乾燥シンプルの極みの鉄筋三階建て建物の一階の南、殺風景な倉庫のような場所にL字鋼鉄骨製の二段ベッドがひしめいている狭い部屋で、私を含め一四名の新隊員と、背は低いが二枚目の若い班長一名の一五人が、これから新隊員教育前期間の三ヶ月間を共にすることになった。

2 「秋田のなまはげ」森二士

自衛隊に入隊するには、まず各入隊部隊の駐屯地医務室で健康診断を受けなければならない。その身体検査は一般的な検査に色盲色弱の検査も行なわれる。

新町駐屯地ではそれだけだったが、後に班の者たちに聞いた話だと、他の駐屯地ではその後があったらしい。それは、ひと通りの検査が終わった者は、医師が居る部屋に一人ずつ入って行き、医師に「俺はチンポコを引っ張られ、ケツの穴まで見られた」。

他の者も「俺もそうだった」。六〇歳過ぎぐらいのハゲた医者がいきなり、「女性の経験は」なんて聞いて来たので、俺は「自衛隊入隊と女の経験が何の関係があるんだ！　このスケベジジィが」と思ったけれど、とりあえず「ありますけど」と答えると、すかさずスケベ医者、「性病になったことは」。俺は焦って「性病になる程の経験は有りません」と言ったら、スケベ医者は俺の顔を見てニャッと笑い「それもそうだな」なんて言いやがった。俺が「あー、余計なこと言っちまった！」と後悔していると、すかさず、「はい、パンツ下ろして」と、俺の精神的動揺がおさまらないうちに、このスケベ医者、次から次へ言ってきた。

自分で脱いだのか脱がされたのかわからないほど動揺し、小さくなっているムスコをそのスケベ医者、ゴム手袋をして事務的に淡々と引っ張り頭の部分を指で広げ、尿道口の炎症がないか顔を近づけ確認していたようだ。「何でこんなジジィに、女医はいねえーのか！」なんて考えていると、やっと終わったかと思ったらまだあったんだ。こんどはスケベ医者、「後ろを向いて尻を突き出すように」。産まれて今までこれほど屈辱的な思いをしたことがなかったよ。ケツの穴をゴム手袋をした手で広げ、指を穴に突っ込み、痔の有無の確認をされた。それは同性愛者の調査も兼ねていたようだけど……。

当時は性病患者も多かったようで。今はこんな検査は無いらしいが、今こんな検査をしたら、間違いなく半数がその場で入隊拒否するだろう。

無事検査に合格した者は「物品受領」に進む。自衛隊在職中必要な物品が約六〇点貸与してもらえる（当時は手袋、靴下、ステテコまで貸してもらえたが、何故かパンツだけは無かった）ので、それを受領し居室に戻り作業服を着てみたら、ガバガバで相撲取りが着られそうにデカい。

当時の自衛隊入隊資格は、身長一五五センチ以上、体重五〇キロ以上ぐらいだったと思うが、身長一五〇センチぐらいしかない者もいた、そんな者たちは自衛隊に入ってから身長が伸びるであろうと入隊させていたようだが、入隊してから身長が五センチも一〇センチも伸びた者を見たことがない。

当時は私のように身長一八〇センチある入隊者はまだ少なかったので、身長に合わせると作業服の横幅もデカくなってしまう。班長は「作業服に体を合わせるんだ！」と無茶なことを本気で言っている。

その班長が「今度は全員部隊内床屋で頭を丸刈りにしてくるように」と言ってきた。私は自衛隊に入隊したら丸刈りは当たり前と覚悟していたが、一人の男が「そんな話聞いてないけど、旧日本軍じゃあるまいし」と不服そうだ。しかし皆が丸刈りにして来たので、その男も仕方なく床屋に行った。

着隊して一週間は、お客様扱いで入隊式に備え作業服の着方、装備品の使い方、半長靴

（作業靴）の磨き方、ベッドのとり方など、自衛隊営内生活での起床から就寝までの細々したことを班長が優しく教えてくれた。

そんな営内生活で一番面倒なのが洗濯だ。私は今まで洗濯は全て母親にしてもらっていたうえ、ここ武山駐屯地第一教育団新隊員前期教育隊には洗濯機が無い。若い人は見るどころか聞いたこともないだろうが「洗濯板」というものを使い、手洗いしなければならない。下着はともかく、作業服は洗うのが大変なうえに干している間に盗まれる恐れがあるというので、作業服はクリーニングに出すことにした。

入隊式の予行、基本教練などは区隊中隊単位での教育を受けた。誓約書にサインし、いよいよ二等陸士の階級を貰って入隊式に臨む。

隊員間でお互いの名前を呼ぶときは、必ず名前の後にその者の階級をつけて呼ばなければならない。正式には「小栗二等陸士」だが、長ったらしいので「小栗二士」と短縮して呼んでもかまわない。ちなみに二等陸士は一八ある階級の下から二番目（三等陸士は少年工科学校［二〇一〇年三月、陸上自衛隊高等工科学校に改編］生徒の階級で、事実上二等陸士が最下位階級）。自衛隊の階級は、幹部（将校）、陸曹（軍曹）、陸士（兵）と分けられ、それぞれの役職や階級に応じた任務につく。

高校等を卒業してすぐに入隊してくる者は「三、四月隊員」と呼ばれ、それ以外は、私が入隊した七月もそうだが不定期季節隊員と言われていた。その為か同室の者も前職経歴も様々である。元会社員や運転手、農家の跡取息子、葬儀屋の長男、右翼にあこがれ大学を退学した者、軍隊軍人に憧れる、まるで太平洋戦争を経験した大日本帝国元軍曹のような一八歳のオタク少年、元鉄筋工で構成員数百人の暴走族自称元リーダーという元気の良い男とみな個性的だ。

そのなかに二六歳、一番年上で落ち着きがあり穏やかそうだが不気味な、一人場違いなほど雰囲気が違う男がいた。噂ではこの男、元「楯の会」の会員だったという。

「楯の会」とは作家・三島由紀夫が結成した組織で、左翼革命勢力による日本への間接侵略に対抗することを標榜し、民族派の学生を中心として、昭和四三年一〇月五日に正式結成されたもの。一九七〇年一一月二五日、三島由紀夫はこの楯の会の同志を率いて市ヶ谷の自衛隊東部方面総合監部を占拠。自衛隊員に決起を促すアジ演説のあと割腹自殺を遂げた。その後、楯の会は一九七一年二月二八日に解散した。

同室の者のうちこの男を含め四人が、三ヶ月間自分の入隊動機や過去を話すことなく除隊したり、後期教育部隊へとそれぞれ行ってしまった。

この当時自衛隊に入隊する者のタイプは大きく三つに分けられる。

一つは自分の将来が見えなくなり、不安で何かを求め自らの意思で入隊する者。

もう一つは手のつけられない地元の不良で親も手に負えず、更生の為に自衛隊に入れられる者。

あとは防衛庁が募集業務を行う「自衛隊地方連絡部」通称「地連」の勧誘員に騙されて入ってしまった者である。

この班には森という赤ら顔の鬼のような巨大な男がいた。身長一八五センチ体重八〇キロ。この男は見た瞬間更生の為の入隊だと分かった。

私の年齢ぐらいまでの者だと親から言われたことがある人も居ると思うが、子供の頃、「言う事を聞かないと、橋の下に捨ててしまうぞ。サーカスに売ってしまうぞ！」と言われ、中高校生ぐらいになった不良は「自衛隊に入れるぞ！」と脅された。

当時自衛隊は不良を更生させるための場所と考えていた親達が多くいて、自衛隊側もそれを承知で受け入れていたようだ。

「俺は地元秋田ではなまはげと呼ばれていたんだ！」。森は赤ら顔で確かになまはげのようだ。こいつを敵に回すと面倒になりそうだ。

3　恐怖の大浴場

今日は朝からとても暑い。新町駐屯地からの移動、武山駐屯地での様々な出来事もあり汗をかいたので、部屋の者たちと駐屯地の風呂に初めて行くことになった。

その風呂は食堂の側にあった、学校の体育館と同じぐらいの建物の大浴場だ。駐屯地浴場は陸士・陸曹が同じで幹部とは別々に仕切られていた。

中に入ると、脱衣所に縦横二メートル程の棚の中を縦横五〇センチ程に区切った、鍵どころか扉も無い棚がいくつも並んでいてそこに脱いだ衣服を入れていた。

薄暗い浴室では既に数百人の男達が入浴している。五メートル四方もあるコンクリート打ちっ放しのプールのような浴槽が四つあったが、その全てが芋荒い状態である。

洗い場の蛇口も少ないため浴槽の周りに人が並び、汚れた浴槽のお湯を汲んで体や頭を洗う。そのため、深さ一メートルほどある浴槽のお湯もたちまち少なくなる。

唖然としている私に、更に目を疑うものが見えた。

風呂場の隅に、背に唐獅子牡丹の刺青をした男が、湯けむりのなかでも確認できた。

一九六〇～七〇年代の日本は高度成長期真只中、好景気で仕事はいくらでもあった。給料も民間の方が良く、公務員自体あまり人気が無かったようだ。

特に自衛隊は、私が入隊した年でもまだ終戦から二七年、日本国民には戦争経験者の方が多かった。戦争で家族を亡くしたり自らも傷ついた人が多くいた。「戦争はこりごりだ！自衛隊といっても軍隊だろう」と思われていた時代だったのだ。制服で町を歩けば「戦争反対！」「税金泥棒！」などと言われたり、先輩には後ろから石を投げられたり暴行を受けた者もいた。

更生の為の入隊以外、「何も自衛隊に入らなくても」と親たちは皆反対したのだ。

そんな時代のためか、本来、自衛官募集業務は各市町村が協力することになっているはずだが、自治労などの反対で自衛官の募集が捗らず、防衛庁は自ら募集業務を行う「自衛隊地方連絡部」通称「地連」を設置し自衛官募集を行うようになった。

隊員募集といっても営業センスが必要だが、地連のスカウト担当者は営業どころか民間での仕事経験が全く無く、新卒入隊で自衛隊のこと以外何も知らない。無骨な中年自衛官は「にこにこと」つくり笑顔で頭を下げるのには、大変苦労したようだ。

職安での募集や縁故募集（現職や元自衛官の関係者の紹介）のほかに、高校で説明会を開いたり（実際は組合の教師が、「教え子を軍隊になど入れられるか！」と門前払いにされることが多かったとか）、一浪三浪しても大学に入れず、とりあえず親が世間体のために専門学校に通わせている親子に個別説明したり、平日の日中パチンコ屋に出入りする、定職に就いていなさそうな若者に「君、いい体しているね」と声を掛けたり……。

自動車運転試験場でも「自衛隊に入れば大型免許がタダで取れるよ」と、入隊を促していたがなかなか人は集まらない３Ｋ職種の典型の自衛隊。入隊希望者なら刺青をしていても、凶悪な犯罪暦が無ければ刺青を消すことを条件に入隊させていたようだ。

他にも保護観察中の者（バイク等の窃盗、学校のガラスを割ったなどの軽犯罪者だと思うが）、不良で親がさじを投げた者、そんなのが多くいた。

いつ戦争になっても、こいつらなら「待ってました！」とばかりに、最前戦でもためらいもなく行きそうだが、しかし自分もこいつらと生死を共にしなければならない。戦争になってみなければわからないが、連中は頼もしいのか、敵兵より危険なのか——。あれから四〇年、幸い戦死することもなく平和に過ごせたので結果は分からなかったが、刺青を見た時は、「自分はとんでもない所に入ってしまったんだろうか？」と後悔した。

その後、班の者が浴場で財布を盗まれたり、自分も作業服（戦闘服）上衣のポケットにブランドの時計（当時の自衛隊給料の四ヶ月分。チクショー！）を入れて入浴していたら、作業服上衣ごと盗まれてしまったりと、風呂ではさんざんな目に遭った。盗まれたことを班長に報告したが犯人が見つかることもなく、元警察官の教官に「警察学校ですら窃盗があるんだ」と言われ、盗られる方が悪いといわんばかりであった。確かに毎日のようにある盗難事件の度に、数千人の荷物確認をするのは無理があるのだろうが……。

しかしここは自衛隊、当然といえば当然と変な納得をしなければならなかった。

現金や時計以外にも、新隊員は新品作業服・半長靴などを貸与されるので、それを狙い古参隊員が物干し場や風呂場で盗む事がよくあった。

入ってリラックスどころか、入っている間はいつも心配な、恐怖の浴場だった。

4　戦場巨大食堂

武山駐屯地には当時数千人もの隊員がいた。そのため食堂も巨大だ。体育館を二つ合わせた程の大きさで、一度に一〇〇〇人以上は食事をすることが出来そうだ。

しかし並ぶのが少し遅れると大行列になり、食べ始めるまで一五～二〇分くらい掛かる。ただし食べるのは三分だ。旧日本軍の時代から、「早飯・早糞は軍隊など集団生活をする上では美徳である」と言われていたらしく、その習慣が自衛隊にも受け継がれているのだろうか、早糞は確認出来なかったが、食べるのは皆物凄く早い、ほとんど飲み込んでいるようだった。

朝食のおかずはだいたい決まっている。焼き魚、納豆、豆腐、漬物、のり、生卵などの中から二～三種、それに味噌汁と牛乳。しかし終盤になるとまず、おかずが無くなる。そんな時は、テーブルの上に常にあるふりかけで食べた。「ふりかけの方が美味い」という者も多かったが。

皆食べ盛り、一人で二人分のおかずを取る者、飯（当時健康に良いとのことでご飯は麦飯入り）を三～四杯食べる者、味噌汁、飯まで無くなり自分たちも何度か食べられない事があった。食べる事が戦いのようだった。

昼飯と夕食は、おかずが一ヶ月間毎日変わるが、美味しいものはほとんどなく、カレーぐらいのものだった。

そんなある日、入隊から二週間程たった昼食の時、私の右横に座っていた森二士がテーブルの下で足をバタバタしている。何をしているのかと足元を見ると、前に座っている男と足で蹴り合いをしている。

ギュウギュウ詰めの食堂はテーブルも幅が狭い。巨大な森二士はそれなりに足も長いが、向かいの男も大きそうだ。お互い遠慮しなければ足もぶつかるだろう。

にらみ合っていたかと思ったら、森二士が秋田弁で大声で何か叫んでいる「○×△♯※」。方言かつ早口でよく意味が分からなかったが。

森二士は、突然テーブルを乗り越えてその男に飛び掛かった。その男の周りには同じ班の者がいるはず、仲間意識も強い。森二士と同じ班の私たちは、その仲間たちからの攻撃に備えた。しかし森二士は他の者が手を出す間もない速攻で、三〜四発殴り馬乗りになっていた。相手は既に戦意喪失、あっと言う間だった。

教官や班長たちが飛んで来るのも早かった。

「どこの中隊だー!」

「お前たち、あとかたづけしておけよー!」

と二人が連れて行かれるのも早かった。

自衛隊に入ってもまだ不良気分が抜けないのか、粋がって強そうな者がいると自分を誇示したいらしく、因縁をつけて来る者がいた。この男もそんなところだろうが、相手が悪かった。

5　なまはげ森二士の孤立

入隊して三週間程過ぎ、自衛隊生活も慣れて来た時。秋田のなまはげ森二士が、遅かれ早かれ因縁を付けて来るだろうとは思っていたが、とうとう私に絡んで来た。

でもその時、班の者全員が私に味方した。元気だった暴走族元リーダーは、入隊三日目に既になまはげ森二士に威嚇され静かになっていたが、この時とばかり元気になり私の背後で息巻いている。元楯の会（？）は鋭い視線を向けている。

地元では不良仲間を腕力で従わせていたのだろうが、この班ではそんな脅しは通用しない。班長も森二士の理不尽な言動を注意した。

まだ若い一九歳の森二士には、今まで経験したことのない皆の反応だったのだろう。彼はその場に居られなくなり、部屋を飛び出して行った。

森二士は点呼の時間が近づいても帰ってこないので、班長と皆で探しに行くことになった。海岸まで探したが見つからず、部屋に戻ってみると、ベッドの隅に座っている森二士がいた。既に部屋に戻っていたのだが、森二士はとても小さく見えた。

班長は「よし、皆点呼の準備」とだけ言った。私も皆も森二士を責めず、点呼にも間に合った。

地元の不良仲間も、この男が怖いので逆らう事もせず従っていただけの仲間にすぎず、心から信頼できる友人はいなかったのだろう。

「井の中の蛙、大海を知らず」という言葉があるが、その蛙が「お山の大将」になり、秋田では今まで自分の思いどおりに生きて来たのだろう。

この事件以来、孤立していた森二士も、やっと心から信頼できる班の仲間になった。乱暴者の「お山の大将」も、やはり一人孤独で淋しかったのだろう。その事件をきっかけに、私とはいつも一緒に行動するようになった。


このあたりで班の仲間の紹介をしておこう。
①森六郎（なまはげ）：身長一八五センチ体重八〇キロの大隊一番の大男。地元で知らない者が居なかったらしい、悪い方でだが。
②高杉正人（上の階の人）：噂では元楯の会の会員ではと言われており、班の一人がその事を聞いたが否定も肯定もしなかった。さすがに「楯の会」とは言えず年も上なので、本人が居ない時は「上の階の人」と言っていた。二六歳、一番年上で落ち着きがあり、穏やかで不気味さがあったが正義感が強く、大変頭がよかった。

③斉藤秀克（あんぱんマン）：農家の跡取り息子。佐藤二士は頭がとても大きく、ライナー（中帽）より顔の幅の方がでかくはみ出していたためこのニックネームに。それから何年も経ってから「アンパンマン」という漫画が出たので驚いた。

④高久幸三（コウちゃん）：葬儀屋の長男、実家の葬儀屋を継ぐのが嫌で自衛隊に入った。

⑤林源次郎（リーダー）：こう呼ぶと本人は嬉しそう。元鉄筋工で構成員数百人の自称元暴走族リーダーという、元気の良い男。

⑥宮本哲《てつ》（軍曹君）：本当は靴下の「軍足」のこと。大学受験をあきらめ自衛隊に入隊した、一八歳の軍事オタク少年。

⑦織田信二（電気屋さん）：元大手電気メーカーの社員。

⑧金沢一太郎（金ちゃん）：福島県生まれ。朴訥生真面目が服を着たような男だ。

⑨鈴木信雄（ダンフィル）：ダンフィルというメーカーのパイプをよく銜えていたので。元運転手。教官が押すストップウオッチなので誤差もあるだろうが、この男は一〇〇メートルを一〇秒台で走った。

⑩安藤賢（あんちゃん）：二段ベッドの上と下で寝起きしている、私の最高のバディ（二人一組で何かする時の相棒、ペアー）。

⑪小栗新之助《おぐりしんのすけ》（紋次郎）：筆者のこと。班の皆が言うには、私は年齢より歳上に見えて落ち

着きがあったらしい。当時テレビ時代劇で視聴率が高かった「木枯らし紋次郎」という群馬が舞台の番組があったが、クールな紋次郎の捨て台詞「あっしにはかかわりのねぇこって」が合っているということか？

6　幽霊映画館

駐屯地には「幽霊が出る！」と噂されている映画館があった。

その映画館は宿舎から離れた海に近い防風林の松林の中に怪しく建っている。大きな洋風木造の建物で、戦前に建てられたものか外板壁は所々朽ち果て穴が開き、館内天井にも穴が開いて雨漏りがひどく、夕立など大雨が降った時には床の彼方此方に水溜りが出来ていた。かび臭く、椅子には穴が開きバネが飛び出していた。

スクリーンは雨漏りのためか染み汚れがあり、アップになった女優の顔はシマ模様。鳩が巣を作り館内を飛び回り、一度も見ることはできなかったが本当に幽霊が出そうな建物だ。

そこで上映される映画は戦後か戦前製作なのか、街の映画館ではまずお目にかからない、かなり古い白黒映画がほとんどで、終了するまで一～二回は必ずフィルムが切れる。そんな為か入場料は二〇円。それでも映画が中断している間、皆が飛ばすヤジは、「金返せ！　二

○円返せー」「自分はカラー時代に育った男です」と色々で映画より面白い。
五〜六分程で修理が終わり又始まると、皆静かになり映画に見入る。テレビを見ることが出来ないので、土曜夜の唯一の娯楽。こんなものでも皆楽しみにしていた。


日曜日は食堂が朝食と昼食が休みで、パンと牛乳、昼分は弁当などが支給されたので、それを持って、駐屯地の一部海に面している堤防で釣りをするのも楽しみだった。

しかし釣り道具は海上自衛隊のＰＸ（売店）でしか販売してなかった。当時、新隊員間では海上と陸上はあまり仲が良くなかったので、海上の隊員があまりいないときに買いに行った。

釣れる獲物は小魚ばかりで、一番釣れたのが正式名称は分からなかったが誰かが「それは猫またぎだよ」と言っていた一〇センチ程の魚。不味いので魚好きの猫でも食べずにまたいで行くということらしい。

私は、海無し県の群馬生まれ群馬育ちで海に憧れていたこともあり、週に一度のこの海釣りが、一週間の厳しい訓練で疲れた身体と心の癒しになった。

7 リンダの歌が鳴り響く喫茶店

武山駐屯地PX（売店）の隣には喫茶店が一軒あった。その店のジュークボックスからは、一九七二年六月にリリースされ大ヒットした、山本リンダが歌う「どうにもとまらない」の歌が鳴り響いていた。四〇席程のその喫茶店はいつも満席だ。

バディの安藤二士がどこから仕入れた情報だか、「ここのクリームソーダが美味いらしいんだ」。いつもまずい部隊食堂の飯だけで「クリームソーダどころか、何だって美味いだろうなぁ」、よし、いつか飲もうと安藤二士と約束をした。

それから一週間程過ぎたある日。いつもより早めに食事が済んだので、安藤二士が「喫茶店に行ってみないか！」と言うので、なまはげ、いや森二士と三人で行ってみた。

奥の席が一つだけ空いていた。安藤二士は大喜びだ、私も喫茶店は久しぶりで嬉しかったし、笑うことが少ない森二士も笑っている。この喫茶店に来る連中も、リンダの歌を聞きながらクリームソーダを飲み、一時でも自由だったころを思い出し皆頑張っているのだろう。

駐屯地には、国道に面した外側が生垣で、その内側に高い有刺鉄線付きフェンスがある。そこにはピアノ線が張り巡らせてあり、その線が切れると警衛所の警報機が鳴る。そのまた内側には車両や戦車止めの深い堀がある。

私にはそれらは、外部からの進入者を防ぐ為ではなく、中からの新隊員の脱柵（逃亡）を防ぐ為のものに思えた。

刑務所生活を経験した者が外の世界のことを「娑婆《しゃば》」と称しているが、自衛官も一般社会・一般人のことを「娑婆」「娑婆の人」とよく言っていた。若い隊員は特に、隔離拘束された自衛隊生活は刑務所と同じくらい苦痛なものに感じるのだろう。

駐屯地に外部からの侵入者はほとんどなかったが、新隊員の脱柵は大変多かったようだ。フェンスを乗り越える者、駐屯地の一部が海に面している為その堤防から海に飛び込み泳いで逃げる者、ボートを盗み逃走する者と様々だ。

点呼で所在不明者が出る度、班長、教官達が借り出され、町や駅へと捜索に出た。

そこまでして彼らを脱走へと駆り立てるそのエネルギーはどこから来るのか？

自衛隊に入隊するまでは好き勝手、自由気ままな生活をしていた者が多いが、そんな連中が早寝早起き分刻みの生活で拘束される。入隊から二ヶ月以上外出すら出来ない毎日で、親兄弟、友人と離れホームシックになったり、恋人と会いたい思いが行動にかきたてるのか。

ある日、区隊長が当直勤務の時たまたま見たという話だと、警営所の隣に面会室があるのだが、そこで面接に来た恋人と新隊員が「こと」を始めていたそうだ。

入隊者の多くが二〇歳前後の若者、体力・気力など精神面だけでなく、性欲とも戦わなければならない毎日だ。

昭和四〇年代の水洗トイレの普及率はまだ低く、私の実家や借りていたアパートもまだ汲み取りだった。自衛隊の便所は和式しかなかったが、建物がどんなに古くても、当時でも全て水洗トイレで臭いも無い。私は「臭くなくて衛生的だなー」などと考えながら、いつも大便をしていた。

入隊して四～五日過ぎた頃、どの便所の板壁にもローソクが溶けて流れたようなゼリー状の物が壁の中央を中心に厚く硬くへばり付いているのに気が付いた。何だろうと触ってみてやっと分かった。どんなに肉体がキツくとも、皆やることはやり頑張っているなーと。

自衛隊に入隊すると、このような誓約書にサインさせられる。

「私は、わが国の平和と独立を守る自衛隊の使命を自覚し、日本国憲法及び法令を遵守し、一致団結、厳正な規律を保持し、常に特操を養い、人格を尊重し、心身をきたえ、技能をみがき、政治的活動に関与せず、強い責任感を持って、専心職務の遂行にあたり、事に臨んでは危険を顧みず、身をもって責務の完遂に務め、もって国民の負託にこたえることを誓います」

自衛隊を辞めることは出来ないことともないが、誓約書にサインしていることもあり、辞めようとすれば未成年者は親が呼ばれ、特に更生の為に入隊させられた者たちは親に「絶対に辞めるな！」と言われているようだ。入隊するにも中途除隊するにも大変だ。

喫茶店でクリームソーダを飲み、音楽も聴いて一時外の世界にひたり少し気力が出てきた。安藤二士が「自分が誘ったのでおごるよ、それに今日は小栗二士の誕生日だしね！」と言って伝票を持ち先に席を立った。

入隊時の自己紹介で話したのか、自分でも忘れていた誕生日を覚えていてくれていた安藤二士、私のために誘ってくれたのだと分かった。ささやかだが一生忘れられない誕生日祝いだった。感謝しながら安藤二士の後に続いた。

途中、突然私の前に通路右側席に座っていた男が足を投げ出した。通路反対側テーブルの下にまで届いていたが、それには無理があった。足が短いため上体はそり反り尻は辛うじて椅子のフチに掛かっている状態だ。

こんな場合、①黙ってその足を踏んで行く、②「すいません」と言いながらその足をまたぐの二通りが考えられるが、「すいません」と言ったら最後、なめられてまたいでいる足を引っ掛けられ転倒させられる事が考えられるので、私はどちらも選ばず、サッカーボールをゴールに蹴り込むようにその男の足を思い切り蹴り上げた。

予想どおり男は椅子からずり落ちた。「こら待てー」と言いながら私の作業服上衣の背をつかんだので、私は右ヒジから思い切り振り返ったがヒジは空を切った。

男はすでにわき腹を押さえ屈み込んでいた。

そこに仁王立ちで、無言で見下ろしているなまはげ森二士がいた。すでになまはげ森二士のパンチを脇腹にくらっていたようだ。

その迫力に同席の男たちは椅子から腰を上げることも出来ず下を向いていた。

8　化け物なまはげ森二士

部隊内の生活は、毎朝六時起床、グランドに新隊員全員が出て点呼をするのだが、整列が一番遅い班は全員、腕たて伏せを五〇回程させられる。そして点呼終了後はそのままトイレにも行けず、すぐに二キロ程走らされる。

そんな毎日が月曜から土曜の昼まで、八時から一七時まで分刻みで訓練が続く。

今日も朝から暑い中、また射撃予習だ。

雲一つ無い炎天下、グラウンドの熱い地面に腹ばいになり寝撃ちの姿勢をとる。通気性の全く無い厚地の濃緑色の長袖作業服（戦闘服。当時まだ迷彩服は無かった）に厚い皮の半長靴（作業靴）、ライナー（中帽）と鉄のヘルメットを重ねて被る。連日三三〜五度の炎天下、身につけた物がみな焼けるように熱い。標的を狙うため、黒塗りの小銃（六四式［一九六四年制式採用された戦後初の国産小銃］七・六二ミリ［弾薬の長さ］略して「ロクヨン」）を頬に付けると火傷するようだ。

私は自衛隊に入って始めて、利き手があるように利き目があることを知った。自分の利き目がどちらか調べるには、片手の人指し指を顔の正面に出して二、三メートル先にある物などに焦点を合わせ、両目で見ながらゆっくりと、右目・左目を交互に閉じて見る。この時に人差し指と見ているものが重なって見えるほうが「利き目」である。

射撃予習なので実弾は使用しないとはいえ、引き金を引いたとき自分で「バーン」と言わなければならない。これには当初、自衛隊なのに「いまどき小学生だって言うか！」なんて一人苦笑していたが。

いつの間にか皆と一緒に大きな声で「バーン！　バーン！」と声を出していた。真夏の炎天下、こんなことを毎日のように二〜三時間行う。

一七時過ぎて国旗降下後もまだ、体力検定に備え、各班各自で懸垂の種目に備えて鉄棒にブラ下がったり、腹筋運動などをする。

そんなグランドにはいつもスピーカーから大音量の軍歌が鳴り響いていた。

自衛隊には『隊歌集』という本があり、「隊歌演習」と称し、その自衛隊で作った隊歌集の歌や、軍歌などを大声で歌わされていたが、自衛隊で初めて聞いた軍歌には、題名は忘れたが大変気に入った歌もあった。「……いく千年のー　海のつわものよー　何処へ行くー……」

なんとか一日の訓練も終わり夕食・入浴も済み部屋に戻ると、毎日しなければならないのが半長靴（作業靴）磨き。

班長の半長靴は、牛革製なのにそのつま先部分は光り輝き鏡のようになっている。それは当時流行っていたエナメルの靴のようだ。私たち新隊員は、「牛革製半長靴を磨いただけでエナメル靴のようになるわけがない」と思っていたが。

班長が「PXで少し高価だけど『キイウィ』という靴墨を買ってきて、パンストなどに水をつけ一緒に磨けば光る」と言うので、班長が言うとおり、私たちは三週間ほど続けて磨いたら、本当に班長の半長靴と同じように、つま先部分は光り輝き鏡のようになって皆驚いた。

そんな半長靴を毎日二〇～三〇分掛けて磨き上げ、班長の点検を受ける。

毎日暑いので喉が渇く。半長靴も磨き終わり、なまはげ森二士が「ジュースを飲みに行こう！」と言うので二人で自販機に向かった。

販売機は宿舎から少し離れた薄暗い古い木造建物の脇に一つ立っていた。一本五〇円なのにデカいそのビン入りジュースはオレンジ味とグレープ味があり、グレープ味を飲むと舌が紫色になりそれは毒々しかったが、冷えていて美味かった。

販売機の周りには五人の男がたむろしていた。悪そうな奴らだ。

私が自販機にお金を入れ、出て来たジュースを取り出すためかがんだその瞬間、後頭部を叩かれた。足元に割れたビンの底が転がった――「うかつだった！」。

後ろで、森二士の怒号が聞こえた。「このヤロー、キタネーまねするんじゃねえー！」

痛みは感じなかったが、脳震盪を起こしたようで足がふらつき目が回る。切れた頭から流れ出た血がたちまち白い半そでシャツの背を真っ赤に染めていたようだ。それを後ろから見ていたなまはげ森二士が、烈火のごとく怒っている。その声はまるで地鳴か雷のようだ。その姿はこの若い奴らには生まれて初めてみる、本物のなまはげの一〇倍も怖い化け物のように見えたであろう。

たちまち三人の男が地面に転がっていた。他の者はと振り返った私の眼には、三〇メートル程先を物凄い速さで走り去る二人の男が見えた。

自販機に手を掛けやっと立っている私に、森二士は「大丈夫か？」と言いながら、背中を向け、大きな私を背負い駐屯地医務室までの長い距離を一所懸命走った。「悪かった！　悪かった！」「俺が後ろにいたのに、チクショー」と叫びながら。

その広い背中は逞しく、優しかった。汗でビッショリ濡れたシャツに私の血が滲んでいた。今でも数針縫った頭の傷を見ると、あの時のなまはげ森二士を思い出す。

9　実弾射撃訓練

いよいよ今日は小銃（六四式七・六二ミリ、略して「ロクヨン」）の実弾射撃訓練だ。撃つ人数が多い為五時起床。朝食はパンと牛乳を室内で済ませ、駐屯地から徒歩で三〇～四〇分程離れた射場（銃を撃つ場所）に向った。

小さな山と山に囲まれた盆地に造られたその射場は、三〇〇メートルの距離までの射撃が出来る。射座（銃を撃つ場所）には厚い鉄製の四角い筒のような物が数十個並んでいた。これは何だろうと見ているとと区隊長が、「お前たち新隊員が撃つと、弾が何処へ飛ぶか分からないから、その鉄の箱の中へ銃口を入れて撃つんだ」と説明してくれた。

私たちは、なるほどと理解は出来たが心配になってきた。実弾を撃つのはそんなに難しいのか、衝撃があるのか。

悩んでいるとたちまち自分の射群（射撃する順番）になった。弾薬（銃弾）三八発を受領し射座の自分の的前へ移動、耳栓をしていよいよ射撃だ。

毎日毎日、長時間やってきた射撃予習での教官の教えどおり、ガク引き（カメラのシャッターを速く押すと振動で画像がブレるのと同じ。銃の場合、振動で照準が狂ってしまう）にならないように引き金を少しずつ引く。

小銃「ロクヨン」で生まれて初めて実弾を撃った。

想像以上に鉄の筒の中で響く銃声は大きかったが感動した。

すぐに二発目の発射準備にかかる。たちまち三八発の射撃が終わった。あとは観的係がなければ、全員が撃ち終わるまで待機だ。

でも、暑いわ、眠いわ、腹減ったわ……一二時をかなり過ぎてやっと昼食の準備ができ、駐屯地食堂から運んできた飯の配給に飯盒《はんごう》を持ち並ぶ。飯盒本体に飯を入れ内蓋に味噌汁、外蓋に二～三種類のおかずをのせてもらう。

真っ青に晴れた真夏の炎天下、日を遮るものなど何もない、田んぼの水が干上がったときに出来るような大きなヒビが網目状に入った草も生えない地べたに直接座り、もちろんテーブルなどないので、膝の上におかず、味噌汁の入った内蓋をのせ食べる。

美味い・不味いなどの感覚はない。ただ空腹を満たすだけ、三分程で食べ終わった。

腰の弾帯（ベルト）に着けたアルミ製水筒（〇・八リットル）の残り少ない水は既にぬるま湯になり、不思議な臭いもしている。それでも飲む。

食事の時も脱ぐことが許されない鉄のヘルメット（通称テッパチ）は強烈な太陽の日をジリジリと受け、触ると火傷しそうだ。その中の暑さは想像以上だ、既に汗も出なくなっている。

それでも初めての実弾射撃の感動と興奮がその身体を癒してくれているようだ。

自分たちの射群は、午後から観的係に就くことになった。観的係は小銃から放たれた弾が着弾する場所、的の直下に深さ三メートル程のコンクリート製の地下道が的の右端から左端まで掘ってある。その中で的を手動で上げ下げし、採点や弾跡（弾が貫通し開いた穴）表示をしたり、開いた穴を塞ぐ作業をする。

半地下なので日陰で、表より涼しく良かったと思ったが、地面スレスレに飛んで来る低い実弾は立っている姿勢だと頭上一四〇センチあたりを飛んでいく。その時、紙でできている的を弾が貫く音が「バシ、バシ、バシ」と凄まじく響き、自分たちが本物の銃で実弾を撃っている実感を怖いほど感じた。

射撃する時は耳栓をしなければならないほど音は大きいが、自分が実弾を撃っている意識はあまり感じない。ただ「的に当てなければ！　合格しなければ！」という気持ちで頭は一杯、着弾地点のことなど全く考える余裕はなかった。

的の後ろ、弾が着弾する所にはぶ厚いコンクリート製の大きな箱のような物が、弾が飛んでくる方向に口を開けるように並んでいる。中には大量の砂が正面の壁を隠すように斜めに積み上げられ、そこに着弾する。天井と横の仕切り壁の弾が飛んでくる側角に、厚さ二センチ以上もある鉄板が船の先のように三角形に壁を護るため貼り付けてあるが、その鉄板も、長年何千発もの銃弾を受け、ところどころ穴が開いたり裂けている。

それらを見て初めて、自分たちが本物の銃を撃っていることを実感し、怖さを感じた。もし銃で撃たれたらと思うとゾッとした。

あれから現職・予備自衛官四〇年間で一〇〇〇発以上の弾を撃ってきたが、怖さを感じたのは新隊員のその時だけであった。

自衛官である以上は年に一度、三八発以上の実弾射撃（射撃検定）が義務づけられている。現職の時でも私は、後方部隊の最後部である航空学校に配属になったため射撃予習もせず、実弾射撃の時以外、銃に触ることも少なかった。

本物の銃を撃っていることも意識せず、的に向けただ合格点だけを取る為の実弾射撃（射撃検定）をした。それは、エアーライフルやゲームの銃を撃つ時と、気持ちにさほどの違いも感じなかった。

最近では射場もハイテク化され観的係も無くなりつつある。電動で的が上下し弾がどこに着弾したか瞬時に機械が計測し、射座に着弾地点を示すモニターまであって、銃を撃った者はすぐその場で確認でき、採点までしてくれる。

自分たちが、本物の銃で実弾を撃っている実感や怖さを感じられるような場所も無くなってしまった。

常備（現職）自衛官、即応・予備自衛官で、銃を撃つ時、ただの的ではなく人間だったらと考える者がいるのだろうか。自衛官のどれだけの者が人に向け引き金を引けるだろうか？国同士が戦争になっても敵国の兵士とはいえ個人的に何の恨みもない初めて見る者ばかり。

今の自衛官（日本人）は戦争のない時代が永く続いている法治国家日本に生まれた人間。秩序ある社会生活、集団生活を送り、人を傷つけることは犯罪と身に染みるほど自覚している。

一人殺しても、状況によっては死刑になることもある時代。その理性という安全装置が働き引き金は引けないだろう。

誰かが撃ってくれるだろうと願いながら。

10　東富士演習場野外訓練

今日から新隊員前期教育の総仕上げとも言える、三泊四日の野外訓練が東富士演習場で行われる。早朝、駐屯地を出発。到着し直ぐ個人天幕（テント）張りから数々の準備作業をし、初日の夜から実施される「野営訓練」の為、掩体《えんたい》——簡単に言うと、戦場で自分の身を隠し守る為の深さ一五〇センチほどの穴を掘った。

その夜、私はその穴の中で「歩哨訓練」で周りを警戒していると、遙か眼下に東名高速道路を走る車のライトの帯が見えた。私はその時、二年前の一九七〇年八月、大阪万国博覧会に行った時の事を思い出した。一泊三日の強行スケジュールで高崎市から大阪までモトクロスバイク（ヤマハＤＴ１、空冷二サイクル単気筒二四六cc）に乗り、徹夜で大阪に行った時。眼下に見える開通したばかり（一九六九年、東京都世田谷区と愛知県小牧市の間が全線開通した）で、すれ違う車もまばらで追い越す車は全く無かった、照明も少ない東名高速を走っていたことを。

万国博覧会会場では、人気パビリオンは長蛇の列で、猛烈な眠気と暑さでとてもその列に並ぶ気力も体力も無く、人気の無いガラガラなパビリオンで涼み、仮眠していたことなどを。

穴の中で「自分は何でこんな所で、こんなことをしているのだろう……」「青春時代真只中の貴重な時を、刑務所のような所で」そんな気持ちになったのはその時で二回目だった。新隊員前期教育を受けるため横須賀の武山駐屯地に入隊し、半月ほどが過ぎ少し余裕が出てきた頃、夜寝ていると遠くの方で暴走族と思われるバイク・車などが鳴らすクラクション、エンジン、タイヤがスリップする音などが開け放した窓から入って来た。そう、今はお盆の夏休み、ここは観光地でもある。真夏の海では自分と同じ年頃の若者たちが深夜まで遊びまわっているのだろう。

自衛隊は二二時消灯、就寝だがシャバの人間はまだ皆起きている。自分もつい最近まで、バイクを乗り回しモトクロス大会などで彼方此方走り回っていた。「自分は何でこんな所で寝ているのだろう」「自分は何をしているのだろう」と、考えていたこともあった。

私は子供の頃から将来はコック（洋食調理人）になると決めていた。大人たちが「手に職をつけておけば一生生活に困らない！」とよく言っていたからなのか、今となってはよく覚えていないが、父は私が六歳の時死んでいたので、一刻も早く調理を覚えようと思った。

中学卒業後すぐ、昼は調理見習いをし、少しのようだがその収入で夜間の調理師専門学校へ通おうと考えた。

学校はすでに合格し通うことが決まっていた。昼の調理見習いのレストランを探していた時。柔道部の顧問の先生が「小栗、○○高校の特待生の推薦が決まったぞ！」と言ってきた。その話は確かに前に聞いていたが、行く気も無かったしどうせ駄目だろうと、すっかり忘れていた。

当時は大変な柔道ブームで、私もその影響を受けたのであろう小学校四年生からやっていた柔道。小学校の時から背が大きく、小学校五年生になった時から牛乳配達もしていた。その牛乳配達用自転車は、米屋・酒屋等も使用していた一〇〇キロ以上の荷も積めそうなごついフレームと太いタイヤで、自転車自体も大変重かった、その荷台に頑丈な木箱に入った牛乳五〇本、ハンドルの左右に丈夫な手提げ袋に一〇〜二〇本の牛乳を下げていた。大変重い自転車だったが、三角乗り（婦人用のようにハンドルとサドルをつなぐフレームが曲線で下の方で繋がっていれば子供でもこぐことが出来るが、当時はフレームが三角形の自転車しかなく、サドルに乗ってペダルを踏めない子供たちが考えた、フレームの中に右足を入れ右側のペダルを踏む乗り方）をせず、自転車のサドルを一番低くすれば何とかつま先が地面についたので乗ることが出来たが、重いので何度か自転車を倒したこともあった。

そんな牛乳配達を毎日していた為か、足腰も強くなったようだ。小学校五年生後半から、道場の先生が「小栗君は体格差がありすぎるから明日から中学生と一緒にしなさい」と小学生のときから中学生を相手にしていた。そのためか中学生になっても勝てたので、柔道をするのは楽しく、そこそこの結果も残してはいた。

私が通っていたその柔道場の先生はよく言っていた、「オリンピックで金メダルを取っても柔道だけでは食べてはいけないぞ」。先生は、接骨院もしながらアルバイトもしていたようだ。そんな入れ知恵もあり、私も柔道は中学校までと考えていた。しかし子供で自分の決断力もなく、顧問の先生に断る勇気もなく、結局ズルズルと高校に入っていた。

中学の柔道とは比べ物にならない、レベルの高い者たちが集められた高校の柔道部。それに学校の名（カンバン）まで背負わされ、一五～六歳の自分には精神的にも肉体的にも耐えられなかった。結局一年六ヶ月で膝、足を壊し柔道部も高校も辞めた。

でも夜間の調理師専門学校は柔道の合宿などで休むことが多かったが何とか一年六ヶ月で卒業し、当時群馬県最年少一六歳で調理師免許を取得出来た。調理師専門学校の紹介で県内最大手の総合結婚式場に就職した。

しかし好きだった調理も、仕事となると、まだ若い私には心身ともに大変だった。一日一

○時間も立ちっぱなしの仕事で、傷めた膝が悲鳴をあげていた。

人間には五つの欲があると言うが、その一位はやはり食欲だろう。

料理を人に作ってもらい食べてそれが美味い時、喜びも感動も増す。「どんな材料でどんな調理をしたらこんなに美味しくなるのだろう」。自分が知らないからこそ、人に作ってもらうその味に感動するのだろう。そしてプロの調理人は、その客の喜ぶ顔に喜びとやり甲斐を感じて料理を作る。

「私は人に作ってやることに喜びも感動も感じないので、料理人は向いていないのだろう」もっともらしい事を言ってはみたが、仕事に飽きて、自分に言い訳をしていたのかも知れない。

そんな理由で料理人を辞め自衛隊に入隊はしてはみたけれど、自分がこの先どれだけ耐えられるのか……。いつの間にか涙が頬をつたわり流れ落ちていた。そして疲れ果て深く眠っていた。

「パァパァパァパァーン‼」と起床ラッパで叩き起こされ、現実の世界へと引きずり戻された。結局野外訓練は、初日と最終日が晴れただけで、演習最大の目的だったであろう、数十キロの行軍訓練も中止になり、自分は助かったと思った。この膝では数十キロの装備品を担ぎ歩き続ける自信はなかった。

雨が小降りになっている間、演習場に訓練に来ていた特科部隊だったと思うが、高射砲を撃つ訓練（空砲）を見学した記憶ぐらいしか、三泊四日の野外訓練のことは覚えていない。

11　初めての休暇

一九七二年一〇月、武山第一教育団、新隊員前期教育が終る。明日から、三ヶ月間待ちに待った入隊後初めての休暇だ。戦艦三笠見学と、班長の所属部隊がある富士への二回の引率日帰り外出以外、初めての自分自身の責任での自由な二泊三日だ。

待ち遠しかった休暇だが、少し複雑な心境でもある。新隊員教育期間三ヶ月は、大変長く一日千秋に感じていたものだが、終りが見えて来たら「もう終りなのか」と少し寂しいぐらいにも感じた。

休暇は制服でしか外に出られない。群馬まで制服姿で公共交通機関を使い帰らねばならないのは、恥ずかしいやら怖いやら複雑だったが。電車に乗ってから制帽を紙袋に入れ上着を腕にかけ、目立たないようにして何とか帰ることが出来た。

実家に帰り友人と会い、自衛隊での出来事などを話した。自分では今まで生きてきた二〇年と同じくらいにも感じた三ヶ月だったが、友人も地元も何も変わっていない、まるで時が止まっていたようだ。自衛隊生活と娑婆では時の流れが違うのだろうか。

いつの間にか自衛隊の営内生活が身についてしまったのか、休暇でも何故か落ち着かなかった。帰隊日時に遅れてはまずいと休暇初日からそのことが頭から離れなかった。そのおかげか無事遅刻もせずに帰隊できた。我が班は全員無事戻ってきたが、他の班では何人か戻ってこない者がいたようだ。

入隊時、我が班一四名のうち、無事前期教育終了した者一一名、三人は除隊した。それでも我が班の除隊者は少ない方で、班員が半分以下になってしまった班も珍しくなかった。

今夜は新隊員教育隊最後の夜だ。この部屋で寝るのも最後だ。なかなか消灯になっても眠れないでいると、まだ蒸し暑いのに毛布を頭からかぶり誰かが泣いているようだ。班長が「泣くな、森二士。なまはげが泣いてどうする」と言って声を詰まらせていた。それを聞き皆も泣いていた。

三ヶ月前に家族や友人と別れたとき以上に、この班の仲間との別れは辛い。明日は皆バラバラに日本中に散っていく。

当時、陸上自衛隊にいくつの職種があったか分からないが、今は一六の職種があるようだ。

私はもともと航空自衛隊を希望していたが、当時航空の募集が無く陸上に入隊した。職種は航空課を希望し希望通りになった。後期教育は陸上自衛隊航空学校岩沼分校、ＰＡＣ（初級航空機整備課程）で受ける事になった。

別れの朝。

巨大な森二士が子供のように泣いている。六人兄弟、男ばかりの末っ子の森二士、私と同い年だが、私を兄のように思っていたようだ。

後に班長から来た手紙で知ったが、森二士も後期は航空科を希望したが、叶わなかったそうだ。「後期も小栗二士と同じ所に行きたかったようだ」と書いてあった。

自衛隊に入隊する時にサインさせられる、誓約書の中にこのような文章がある。

――強い責任感を持って、専心職務の遂行にあたり、事に臨んでは危険を顧みず、身をもって責務の完遂に務め、もって国民の負託にこたえることを誓います。

遠回しに書いてあるが、死んでも領土・国民を守れ、自衛官も兵士だから、ということだ。

私のために、一瞬のためらいもなく五人の男に一人で立ち向かい、己の身の危険など一切考えず戦う森二士――貴様なら、自分の命にかえても国民を守る日本一の兵士になるだろう。どこに行っても短気を起さず我慢し、無事後期を終え自衛隊に長く留まってほしいと私は願った。

第2章

航空学校〜配属へ

1　岩沼駅に到着

「なんて寂しい所なんだ」――自分の記憶だと当時駅前はバラス道で、駅前と言っても数件の個人店があるぐらいだった。一九七二年一〇月、そこには自衛隊の少しは慣れてきたトラック（カーゴ）が私たちを待っていた。

私が入隊した一九七二年の日本はいろいろな出来事があった。

一月二四日　グアム島で元日本陸軍兵士横井庄一氏が発見される。
二月一九日　連合赤軍によるあさま山荘事件（二月二八日に全員逮捕）。
五月一五日　アメリカから日本へ沖縄返還、沖縄県発足。
九月二九日　田中首相が訪中し、日中国交正常化の共同声明。

航空課後期教育ＰＡＣ（航空機初級整備課程）には、日本復帰をしたばかりの沖縄県から四人の新隊員が来ていた。終戦後二七年、日本復帰後まだ二ヶ月、太平洋戦争の激戦地沖縄、その親たちはもちろん戦争体験者。働く場が少なかったとはいえ、復帰を期に、大変な反対のなか本土に渡り入隊したのだろう。

その中にアル中の男がいたのだが、彼には長い間、悩まされることになった。始末に困る奴だった。

自衛隊陸上航空の歴史は航空自衛隊より古い。昭和二五年、警察予備隊として創隊。昭和二七年、保安隊と名称が変更され、その保安隊航空学校から昭和二九年、七〇パーセントが航空自衛隊操縦学校へと空転し、航空自衛隊の基礎を創った。

陸上自衛隊航空学校の本校は三重県伊勢市小俣町明野にあり、岩沼分校は当時、宮城県名取市と岩沼市に跨がってある仙台空港と同じ仙台飛行場内にあった。当時は管制業務も自衛隊が行っていたと記憶している。

航空学校岩沼分校では、L19―A飛行機（高翼、単葉機、セスナ・エアクラフト社製）、LM―1飛行機（低翼、単葉機）、LR―1飛行機（高翼、双葉機）等の飛行機を使用して、FEC（陸曹航空操縦学生）幹部航空操縦特技課程の教育、PAC（初級航空機整備課程）整備士の教育をしている。私たちはこの岩沼分校で、後期新隊員教育PAC課定を約一五週間、受けることになる。

その学校の木造隊舎は怖いほど古く、夜中便所に行くにはそれなりの覚悟が必要だった。

二重窓にはなっているが、木製窓に薄いガラス、板壁と土壁で出来ており、断熱材など皆無、隙間だらけの部屋だ。武山駐屯地は、神奈川県横須賀の太平洋岸に面していたためか暖かかったが、宮城県岩沼の一〇月、その温度差・寒さは大変なものだった。

一一月にならないと毛布の増加や布団の支給もストーブも無く、寝る時はジャージの上に作業服まで着て寝た。それでも寒くてなかなか眠れなかった。着隊初日からこれから起こることを暗示しているようで嫌な感じがしたが、その勘は的中した。

初級航空機整備教育は座学がほとんどで、覚えなければならないことが多く、二週間もしないうちに授業に付いていけない者が出始めた。しかもＰＡＣ教育担当幹部は東北のどこの県の出身だったか思い出せないほど印象が薄く存在感の無い、確か定年間近のＢ准尉。モグラが寝ているような人で全く会話も成立しない人だった。助教も、宮城県出身の根暗な三〇歳前後のＣ三曹だった。こうした教官に酒乱の男、先が思いやられる。

後期教育ＰＡＣ教育が一ヶ月過ぎた頃、今まで禁止されていた飲酒が解禁になった。その夜から「待ってました！」と、あの沖縄出身の男――酒癖が悪いのを通り越したアル中男が、隊内クラブに毎晩通い出した。

通い出して一週間程経ったある夜、彼は隙間だらけの部屋でのただ一つの暖房器具である

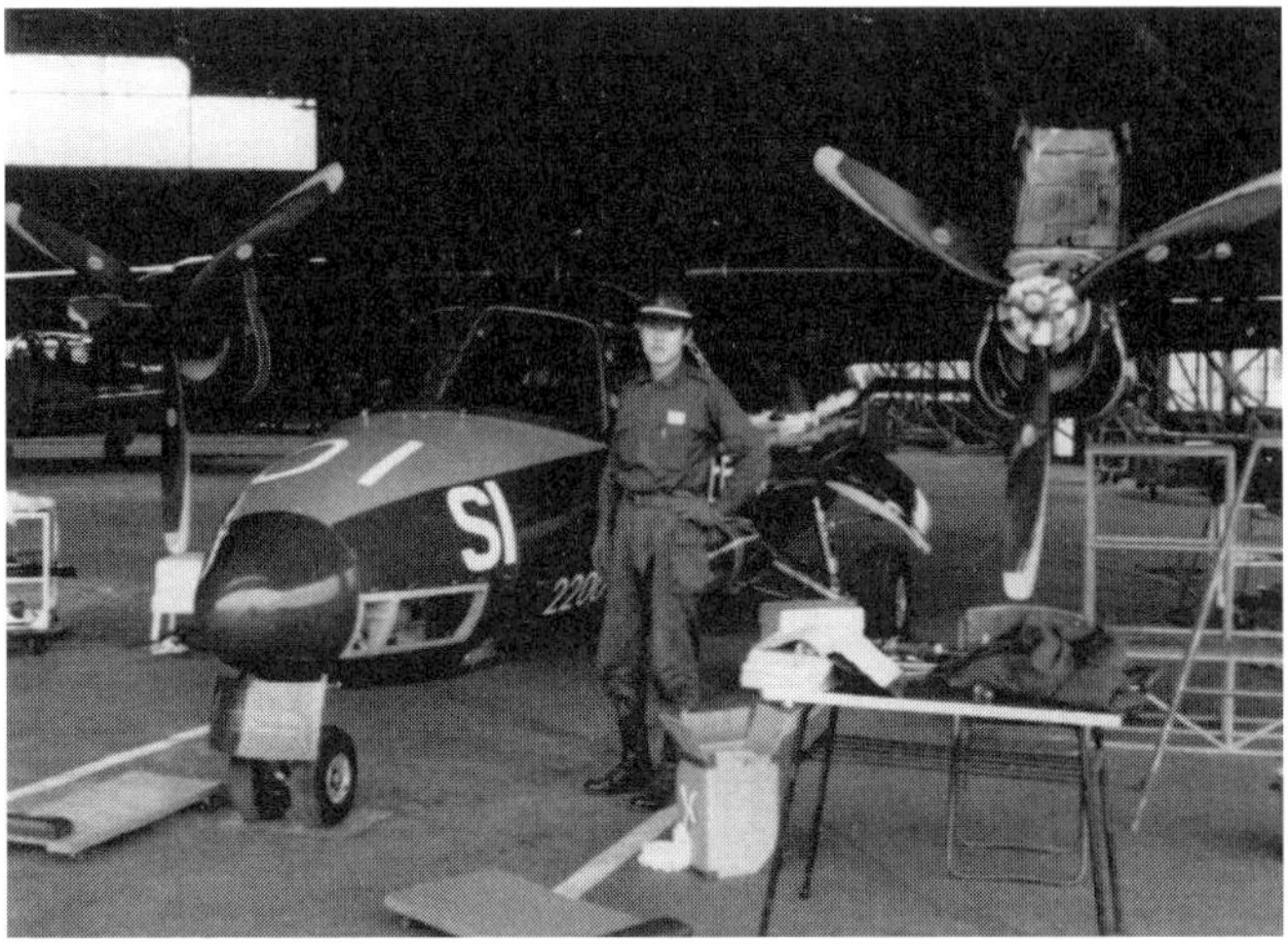
SI

SI
JG
1020

ストーブに、夜中、丸い上蓋が外してあるところから中に小便をしてしまった。私は二段ベッドの上に寝ていたが、下で何か「チャバチャバ」と音がしていたような気がしてはいたが。

これで一層寒くなった翌日から、ストーブが使えなくなってしまった。そんなところに、この冬初めての雪が降った。私より年上の者もいたが、沖縄出身の者たちは生まれて初めて見る雪に、酒乱のあの男まで子供のように喜んでいた。私を含め本土の者は関東、関西出身が殆どで、その雪を喜ぶ者は誰もいなかった。

昼は、次から次へと流れ作業のように一方的に一日一一時間も続く難しい飛行機整備の勉強。

夜はアル中男に毎晩悩まされ、自衛隊生活の四年間で一番嫌な期間だった。

人間は「良い思い出は覚えているが、嫌な事や辛い事は余り記憶に残らない」と、ある脳科学者がテレビで言っていたのを思い出した。人間の脳の防衛本能が、自分が意識もしないうちに働くのだろう。確かにそれは自分でも実感している。

四〇年経った今でも、武山での前期教育三ヶ月間の事はよく覚えているが、岩沼での後期教育ＰＡＣ四ヶ月間の記憶はその十分の一もない。

2 「盲腸だ！」と切りまくる自衛隊部外病院の藪医者

そんな状況で、資料も記憶もあまりないが、ある出来事を覚えている。

ある日、隊員の一人が「腹が痛い」と助教に訴えていた。助教はその隊員を医務室に連れて行き、その日の当番で部外医として来ていた医師が診察したら、「盲腸だから直ぐ手術をしなければ駄目だ！」と言われたと医務室から戻ってきた。

駐屯地では手術は出来ない。その医師の経営する病院に入院することになった。

準備をするその者の顔は、「盲腸だ」と言われたのに何故か嬉しそうだ。

「あ！　そうか」私は気付いた。今夜から一週間位はゆっくり暖かい病院のベッドで、夜はアル中男に悩まされず安心して寝られる。皆も盲腸がうらやましそうだ。

その一週間後また別の隊員が、「腹が痛い」と言い出した。また同じ部外医の医師に診察してもらったら、「盲腸だー」と言われたと嬉しそうに入院準備をしている。

そのあたりから皆、感づきだしていたのだろう。この医者が金の為にしなくても良い盲腸の手術をする藪医者だということを。

更に盲腸患者は続き、一ヶ月で三人の盲腸患者が出た。医学の知識が無い私たちでも、「こりゃ変だ」と気付き始めた。

藪医者も四人目の盲腸患者は、さすがに出さなかった。

3 皆、辞めていく

そんな営内環境で、まともな者、気の弱い者が我慢出来ないのは当たり前だ。

だから次から次へと辞めていく。

中途除隊する者が一〜二人くらいまでは、教育担当幹部もそれほど引き留めなかったようだが、さすがに三〜四人目くらいからは、なかなか除隊させてくれなくなった。それは自分の教育能力、管理能力不足と上官に判断されるのが嫌だったからだけで、除隊希望者の話など全く聞いていなかった。

思い余ったある男は、学校長に直接除隊させてもらおうと、学校長が朝登庁時、本館隊舎脇の木陰に隠れ、学校長が車から降りた時に「校長！　辞めさせてください！　B准尉が除隊させてくれないんです！」と直談判したらしい。

彼は校長に、「ばか者！」と一括されたと言っていた。

モグラが寝ているような、全く話以前、会話も成立しない定年間近のB准尉と、やはり一方的で、根暗で閉鎖的で自分から馴染もうともしない助教C三曹。相談にも乗ってくれなかったようで、ひどいものだ。

後期教育PAC入校二ヶ月経った頃、とうとう私を除く、あの沖縄出身のアル中男まで全員が「辞める！」と言い出した。

私は「一人になっても中途除隊はしない」と決めていたので「辞めたいのなら皆辞めろと」思っていた。

結局、後期教育終了時に半分以下になった。というよりも、半分近くも残っていたと言った方が正解だろう。

4 成人式

私は成人式は地元でしたいと考えていた。

私の地元高崎市民の成人式は、群馬音楽センター（昭和三六年、日本の近代建築に大きな影響を与えた、故アントニン・レーモンド氏が設計し、高崎市の文化のシンボルとして高崎市民の自慢だった）で毎年行われていた。私も小学生の頃から何度か行ったこともあり好きだったその場所で成人式をして、同級生に久しぶり会い、一緒に堂々と酒を飲みに行き朝まで話をしてみたいと考えていたからだ。

しかし、二〇歳約一ヶ月前に自衛隊に入隊しその夢は消えた。

私の成人式は一九七三年一月一五日宮城県岩沼市の高校の体育館だった。

航空学校岩沼分校から五人、ＰＡＣ（初級航空機整備課程）新隊員後期教育課程を終了し、そのまま航空学校岩沼分校整備課に配属になった私と渡部二士他三人。

もちろん地元の知り合いなど誰も居ない。どんな成人式だったか全く覚えていない簡素なものだった。今では一枚の記念写真が残っているだけだ。

式後、岩沼市内の質素な大衆食堂で、仲が良かった渡部二士と二人でビールを飲んだ。成人になったことを自分たちに言い聞かせるように。

まさかその時は一〇年もしないで渡部二士との永遠の別れが来るとは想像もしないで。

5　北宇都宮駐屯地移駐

一九七三年、海上自衛隊（教育航空集団指令部宇都宮教育航空群）が撤収する北宇都宮駐

屯地宇都宮飛行場に、私の所属する陸上自衛隊航空学校岩沼分校が宮城県岩沼市から移駐することになり、私たち新隊員も本隊受け入れ準備のため先発隊として宇都宮に電車で移動、栃木県宇都宮市の東北本線雀宮駅に着いた。

駅前に出て驚いた、半年程前に岩沼駅に着いた時に感じた「何て寂しいところなんだ」と同じ感じだった。東京からも一〇〇キロ程、群馬の実家にも近くなるので、宇都宮移駐は良かったと思っていたが、ここはなんて小さな駅なんだろう、心配になった。

私たち先発隊が着いた時点ではまだ北宇都宮駐屯地には海上自衛隊本隊が居て、私たち先発隊は二部屋程に間借りし、航空学校岩沼分校からの荷物の受け入れ、毎日のように分散して来る幹部隊員の引越しの手伝いをした。

航空学校岩沼分校の移駐がやっと全て終了したと思ったら、今度は宇都宮地元近隣の県知事、市町村長、各議員、警察、消防等への挨拶代わりの体験搭乗で、毎週土・日も交代で海上自衛隊にはなかったヘリを飛ばした。

今でこそ各県警、消防、防災ヘリ、ドクターヘリがあるが、当時ヘリコプターは自衛隊ぐらいにしかなく、その頃登山ブームだったこともあり、谷川岳等での遭難者救助・災害派遣なども多くあった。

6　お通夜の夜

今日は朝から海上自衛隊の人たちが騒がしい、何か事件があったようだ。

それが分かったのは夕方だった、海上の若い隊員が昨夜外泊先のアパートで自殺したらしく、そのお通夜を今夜駐屯地内でするそうだ。

お通夜に使われる場所は、宿舎からかなり離れた滑走路北隅近くにある航空灯台（航空機の夜間飛行、計器気象状態における飛行の際、航路の示標に用いて安全を期するために設けられる灯台）の管理棟で、通夜は一七時～翌朝までらしい。

まだ北宇都宮駐屯地は海上自衛隊の基地司令で、航空学校先発隊はその軒先を借りる店子状態。海上のお手伝いということでまた作業員だ。

私と岡本二士が遺体番として二二時頃から二時間、番につくことになってしまった。夕食と風呂を済ませた私たちは、「新兵は辛いなー」などと文句を言いながら自転車でその場所へと向かった。

その建物は、今は常駐者も置かない無人の鉄筋コンクリート平屋建ての航空灯台管理棟だ。

外灯も無い滑走路北隅少し手前、滑走路東側沿い砂利道西脇にあるその建物の、東正面にある観音開きの鉄扉を開け放ち、七～八メートル四方の何もない無味乾燥の部屋のコンクリート床に、厚地で金色、折り柄の布を掛け台に乗った棺が外からも確認出来た。

漆黒の闇のなか、裸電球の黄色見がかった灯りが金色の布を照らし、その部屋だけが闇のなか黄色く浮かび上がり、現実世界ではない、別世界につながる入り口のようだ。

棺の左右には一人ずつ遺体番の海上の隊員が折りたたみの椅子に座り、じっと前を見ている。部屋の隅には三人、海上の隊員が白の制服を身につけ身動きもせず各々一点を見つめ無言で立っている。その者たちは別世界への案内人のようで、思わず私たちは部屋の前で立ちつくしてしまったが、二人の参列者が来たので、私たちも後に続きお線香をあげ、その隊員たちと交代できた。

祭壇は焼香台にすこしの菊の花とお線香立てがあるだけの、自殺の為か目立たぬ質素なものだ。線香の白い煙が真直ぐ天井までのびている。

私たちが就いてからは二～三名が焼香に来ただけで、数人いた海上の隊員も「点呼があるので、あとお願いします」と言い残し皆帰っていき、私たち二人だけになってしまった。岡本二士の生唾を飲み込む音が聞こえた気がした。

間もなく遠くで消灯ラッパの音が幽かに聞こえてきた、二二時消灯時間だ。

静かだ。人間の耳は緊張すると、ここまでよく聞こえるようになるものか。

天井から一つぶら下がっている裸電球にまとわりつく小さな蛾の羽根が電球を叩く音と、時折聞こえるロウソクの燃えるチリチリという音まで、ボリュームを大きくしたスピーカーで聞いているようだ。

五月にしては夜になっても暖かく、私は連日の作業の疲れもありいつしか居眠りをしていた。そこに突然甲高い岡本二士の声が室内に響き渡った。

岡本二士は体は小さいが声はでかかった。「小栗二士、自分は腹が痛いので宿舎の便所へ行って来ます！」この建物の便所は壊れていて使用出来なかった。

「えー！　あ、あぁ……」と言う私を置き去りに、薄暗い電灯を灯し「ギーコ、ギーコ」と音をたてながら岡本二士の乗る自転車はたちまち暗闇の中へ消えて行ってしまった。

自分一人だ、一瞬で眠気が吹き飛んだ。

仕方なく椅子に座り棺を見ないように、目の前に広がる闇夜をギンギンに冴えた目で見ていると、やがて二〜三十メートル前方に人の形をした白いものが見えてきた。

自分は見てはいけない物を見ているのだろうか——それはあっという間に部屋に入って来た！

「ご苦労様。あれー、一人？」

それは海上の当直幹部の巡回だった。海上自衛官は上下真白の制服・作業服があったので闇夜でも遠くから幽かに人形が見えたのだろう。

私は「はい！　他の一名は腹が痛いと、宿舎の便所へ行っております」。当直は「こんな淋しいところで一人で遺体番とは度胸あるねー、さすが陸上さんだね！」と言いながらお線香をあげていた。褒められているのか？　皮肉なのか……。海上の当直は「じゃあ、頑張って」と言い残し、すぐに行ってしまった。

戦前から海軍と陸軍は仲が良くなかったようで、「今の自衛隊でも犬猿の仲だ」と言う人もいる。私たちが北宇都宮駐屯地に先発隊として来て数ヵ月間。海上自衛隊の隊員たちと食堂、風呂などをともにして、新隊員の私でも感じたことがあった。それは時々だが、海上の人たちと交わす少しの言葉の中に感じた違和感と目つき、そこには「陸上自衛隊は泥臭く無神経な垢抜けない奴らだ」と陸上の隊員を見下げているように感じられた。確かに海上自衛隊員は垢抜けていたが。

使用していないベッドや寝具を入れてあった部屋に間借りさせられていた私たち、先発隊の陸曹の一人は「まるで布団部屋に入れられた宿の下働きの者みてぇじゃねぇか」とまで言っていた。

その部屋には海上自衛隊が使用している毛布が山積みにされていたが、その毛布は真っ白で一箇所の隅に黒のイカリに赤のクサリがからんだ印が染めこんでありそれはカッコ良かった。陸上自衛隊の毛布などOD色（カーキ色）で何も印など無い。毛布だけ比べても「うーん、確かに垢抜けない」。海上の純白の制服もカッコいい。

そんな事を考えながら、先ほど驚いた為の冷や汗なのか、手のひらからこれほど汗がでるものかと思いながら両手をズボンでこすっていると、また元の静けさに戻った。イスを棺から少し離し、岡本二士が早く帰って来ることを願いながらまた一人イスに座った。

その数十分後、私は椅子から飛び上がった。

「バタバタ、ドンドン、キィーキー」

全身の毛が逆立つのを感じた。棺の蓋を中から叩き、引掻き、暴れているような音だ。恐る恐る棺を振り返るが変化は無かった。何の音だろうと考えていると、また「ドンドン、バタバタ、キィーキー」と同じ音がした。

その音の出所はどうも、棺の後ろにある六畳程の昔使用していた仮眠室のようだ。私は恐る恐るその部屋の木製戸の丸い真鍮のノブを回した。

「ギギィー」と音を立てながら扉が開いた瞬間、何かが中から飛び出してきた。

天井を飛び回るそれは雀だった。

当時、自衛隊のストーブは大型の石油ストーブで煙突が必要だったので、煙突を室外に出す為に木製窓の一枚のガラス板を外し、その代わりに煙突の太さと同じ大きさの丸い穴を開けたトタン板をはめ込み、そこから煙突を出しストーブを使用した。

使わない時期は煙突を外すので、その穴から時々雀が室内に入り込み出られずに死んでいたり、入り込んでまだ数日だと、今回のように室内を飛び回り天井や壁に当たったり、ガラス窓のふちにとまろうと、すりガラスを爪でひっかいたりする雀もいた。

やがてその雀は真暗な空へ飛び去って行った。

そこに笑顔の岡本二士が帰って来た。

なんて永い便所だ〜、もうすぐ交代時間ではないか——。

第３章

飛行機乗り逃げ事件

北宇都宮駐屯地だけでなく、当時陸・海・空自衛隊隊員は皆、それぞれの部隊で警衛勤務以外にもKP（皿洗い）勤務一週間、糧食班（食堂の調理等の補助、雑務）臨時勤務三ヶ月間、消防当直勤務二日間などの当直勤務が多くあった。

そんな様々な当直勤務、作業員勤務等の疲れを癒すためか、酒を飲める所も多くあった。私が所属していた航空学校は防衛庁長官直括部隊の為なのか、海上自衛隊が長く駐屯していた為なのか、隊員が少ない駐屯地なのに他と比べて売店や飲食施設が多かった。

クリーニング屋、雑貨屋、洋服屋、スポーツ用品店、時計屋、写真屋、昼は食堂夕方から飲み屋になる店（この店は夜、生バンド演奏もしていた）、それと隊外クラブにスナック「ブルースカイ」がカマボコ隊舎（北宇都宮駐屯地が戦後米軍に接収されていた時期に米軍が建てた建物、正式にはハットメントと呼ばれているが、半円形でカマボコのように見えた為そう呼ばれていた）の中にあった。

一九七三年六月二三日（土）、そのスナックブルースカイでビールを三本飲んだA三曹（飛行機整備士）が、LM-1飛行機（低翼、単葉プロペラ機）を乗り逃げした。

燃料は、どの機も毎日飛行終了後、常に満タンに搭載され格納されていたため、五時間二〇分相当（航続距離一三〇〇キロ）の飛行が可能だ。

当時、新聞には「A三曹が酔った勢いで突如航空機を操縦してみたいという衝動に駆られ、乗り逃げしたものと断定した」と書いてあったが、誰もが「この記事は全く違っている」と分かっていた。しかし、余計なことを言って学校幹部や学校長に惑を掛けまいと皆黙っていた。

A三曹は陸曹航空操縦学生（FEC）試験を同期の元少年工科学校生徒三人と受験していたが、A三曹以外の二名は合格していた。そのことが今回の事件につながっているのではないかと皆感じていた。

A三曹はこの日に向け事前に計画、下準備をした上での実行だったのだろうと思えた。まず、大きく数トンもある格納庫扉の毎日の開け閉めは必ず五～六人で行っているものだが、それを小柄なA三曹が一人で開けるのは大変なことである。また、飛行機の格納庫への出し入れも普段三～四人で行っている。その飛行機を一人で格納庫の外まで引き出すのも大変だ。

準備もなく、それも酔った勢いで衝動に駆られ乗り逃げするなどという事は誰も出来ないと分かっていた。

人力以外で格納庫から機体を出す方法としては、牽引車（当日は牽引車は使用出来ない状態）と、これは危険なため禁止されているが、機体に搭載されているバッテリーで格納庫内でエンジンを始動し自走で出す方法があり、出来ないことはない。しかし、格納庫内でエンジンを始動すれば、かなり大きな音がするのですぐに気付かれ、滑走路に出る前に捕まるだろう。

宇都宮から平壌まで直線距離で約一二八四キロ。平壌まで行かなくても北朝鮮の日本海側なら数百キロ短くなり、気象条件、パイロットの操縦技実で航続距離に差が出るが、乗り逃げしたLM‐1飛行機の航続距離が一三〇〇キロ。

私たちは朝鮮民主主義人民共和国（北朝鮮）へ亡命したのではないかとも考えていた。

一九七〇年代から一九八〇年代にかけて、朝鮮民主主義人民共和国（北朝鮮）の工作員などにより、多数の日本人が極秘裏に北朝鮮に拉致されていたが、当時の日本人は全くそれに気付かず、一九九一年以後、やっと日本政府が北朝鮮に対し拉致問題を提起しはじめ、日本人や私たち自衛官ですらやっとそんな事実があったことを知った。

私個人の考えだが、そのことを知ってからはA三曹は、北朝鮮による拉致ではないが、北朝鮮の工作員などに唆され一緒に飛び立ち亡命したのではないかとも考えている。

非常呼集でその夜は皆眠れず、翌朝まだ薄暗いうちから飛行可能な機全てで捜索に出た。それから、一ヶ月間にわたる捜索でも結局機体は発見できず、燃料が尽き海上に墜落したと結論付けられ捜索終了。

八月一日付けでA三曹は生死不明のまま懲戒免職とされた。

しかし誰もA三曹が操縦していたのを見た者はいない。

LM-1飛行機が一機無くなり、A三曹が居なくなったその事実のみ。

どんな山中でも地上に墜落すれば火も出るので発見出来るはず、日本海に水没したのか、それとも――三九年経った今でも、機体・遺体とも発見されていない。

私は事件当日、一七時から管制塔隣にある消防所の当直に就いたところだった。消防所は滑走路の東側エプロン前、滑走路中間ほどの位置に建ち滑走路の北端から南端まで全て見通せる場所にあった。

二一時頃、飛行機のエンジン音が聞こえたので外に出てみた。すると、誘導路をタクシング（地上走行）で二〇〇メートル程先を滑走路北端部へと移動する機種、色などは確認出来なかったが濃い機体色（LM-1飛行機は濃紺色）と思われる機姿が、前哨灯を灯していたため何とか確認出来た。

しかし滑走路には滑走路灯、滑走路末端灯が点燈していない状態である。変だとは思ったが、滑走路が富士重工業宇都宮製作所と共用で、その富士重工業格納庫には当時どこかの新聞社の飛行機が入っていたので、私はその飛行機が何かの事件の取材で離陸するのだろうとしか考えなかった。

あの時、乗り逃げに気付けば、消防車（小型ポンプ車）で追い掛け滑走路を封鎖する時間は十分あった。

岩沼の体育館で成人式を一緒にしたA三曹を喪う事もなく、ご両親、ご家族も悲しまなくて済んだだろう。

あの異変を、異常な事態となぜあの時思わなかったのか。今でも悔やんでいる。

やがて飛行機は滑走路北端に着き、機首を南に向けてとどまり、数分後離陸の為の滑走を始め、たちまち私が見ている目前を南の夜空へと消えて行った。それは私が毎日のように見ている、学生が訓練で飛び立つ機影エンジン音そのもので、何の違和感も感じなかった。

まさか、あれがまだ飛行機整備士になって一年も経たない者が操縦する、前輪式（主脚以外の一脚を前方の機首下部に置く。尾輪式の航空機を離着陸させるのは習熟したパイロットでないと困難）の飛行機とはいえ、初めての離陸の姿とは全く思えなかった。

私たち整備士でも飛行機の離陸操作手順や上空での飛行方法は知っているので、飛行機を飛ばせないことはない。が、着陸の事を考えると、二度と着陸することのない特攻隊員の気持ちにでもならない限り、出来ることではないだろう。

事件が土曜日の夜だったので、外出や休暇で地元を離れている隊員も多くいたらしく、各課責任者、課長（幹部自衛官）、学校長を非常呼集するのに一〜二人の駐屯地当直幹部はパニック状態だったらしい。自衛隊始まって以来の大事件に、幹部自衛官が駆けつけるより早く、正門には既に多くのマスコミがやってきた。中に入れろと騒いでいるのを、警衛勤務の隊員が止めるのがやっとだったようだ。

駐屯地中が蜂の巣を突付いた状態が一晩中続き全く眠れなかった、と翌朝私は聞いた。「灯台下暗し」と言うことわざがあるが、まさにその状態だった。

当時、営内居住者（駐屯地内生活者）は、同じ駐屯地内にあった一二飛行隊、学生等含め三〇〇人前後（土曜日だったので外出者がいてその数より少なかったと思うが）。

そのうち事件の一部始終を見ていたのは、私ともう一人誰か、顔も名前も覚えていないが、二人だけだった。その私たちは朝まで寝ることができ、幹部や警察に一度も事情聴取すらされなかった。

無免許運転といっても自動車ではない飛行機だ、多くの人が居る所にでも墜落すれば大変なことになる。県警も同じくパニックになっていたのだろう。

翌朝、私たちは昨夜大変な光景を見ていたのだと判り、余計なことを話すとまずいような気がして、結局いままで誰にも話さなかった。

捜索が二週間を過ぎても何も発見出来ず、警察や消防からの情報も全く入らなかった。その状況に、皆捜索は無駄だと思っていたのだろうが、誰もその事を口には出さなかった。

教官たちが操縦し、私たち整備士、学生、事務職まで搭乗して二名体制で飛行機から捜索した。教官も皆も疲れ果てていた、私も数十時間搭乗した。一ヶ月間にわたる乗り逃げ機捜索でも結局機体は発見できなかった。

捜索終了後、初めての駐屯地朝礼が行われた。

その時、駐屯地指令でもある学校長が、話の最後に隊員に「諸官等は、なにも恥じることはない！　この責任は全て自分にある！」と言い残し降壇していった。

校長は太平洋戦争末期の元日本海軍特別攻撃隊員だった。終戦が二〜三日遅れていたら出撃していたらしい。その言葉には九死に一生を得た、死線を越えた者の凄みと重さがあった。

校長は警察予備隊に入隊後、自衛隊へと今にいたっていた。あと少しで定年だった校長は、部下を責めたり責任転換するようなことを一切せず、全ての責任を自分一人で背負っている、自衛隊に残った最後のサムライのように思えた。

まだ若かった私でも、校長の心の内が伝わって来た。いつの間にか涙が出ていた。私はなんて立派な学校長、いや人間なんだろうと思った。この司令官の下ならば戦争で死んでも悔いは無いと思った。

そう思っていたのは私だけではなさそうだ。多くの者が泣いていた。

第4章

居心地のいい場所

1 警衛勤務の夜

私が配属された航空学校岩沼分校は、北宇都宮駐屯地に移駐後も相変わらず幹部が多く陸曹・陸士が少ないため、私は警衛勤務や作業員勤務が多かった。

今日も警衛勤務だ。警衛勤務は朝九時〜翌朝九時までの二四時間勤務（残業手当はつかない）。主な任務は駐屯地出入者の正門と西門での身分証明書・許可書の確認対応、駐屯地警備、国旗掲揚・降下である。

勤務に就いた私は、同室で後輩の五十嵐二士と二人で駐屯地の巡回に出る事になった。五十嵐二士は、身長一八四センチ・九六キロの日本人離れした学校一の大男だ。

警衛勤務に就く時は民間人の来訪も多いので「無精ひげは剃り、爪は切り、作業服はアイロンを掛けるように」といつも言われている。作業服はキーピング（液体糊）をバリバリになるよう効かせ、アイロンをかけ、まるで裃《かみしも》を着た和紙で出来たひな人形のような作業服で勤務に就いた。

巡回は徒歩、滑走路や外柵を巡回する時は車両（ジープ）を使用した。警衛所にあったそのジープは、先輩達の話では米軍が沖縄攻撃の時に使用し、終戦後日本本土に進駐してきた時に乗って来た車両を、アメリカが日本の警察予備隊創設時に供与したものだと言っていた。

私が自衛隊入隊前によく見ていたアメリカのテレビドラマ番組に『コンバット』があった。第二次世界大戦時のノルマンディー上陸作戦から、フランス、ドイツへとアメリカ陸軍歩兵連隊K中隊が転戦していく物語で、そのドラマによく出ていたジープと同じなので驚きと感動と同時に複雑な気持ちを抱いた。アメリカ製なのでもちろん左ハンドル、三〇年程使用されているそのジープは床が一部腐り穴が開き、走行距離は一〇〇万キロを越えていた。右後部には小銃の玉が貫通したような穴が一つあり、戦争の記憶を俺たちに伝えてくれていた。


巡回コースの途中には工作室と呼ばれている金属加工所があり、私たちがその前を通りかかると、そこにいた人が「なんだ！　進駐軍が来たかと思った」と私たちを見上げていた。この人は、工作室責任者の自衛隊松下技官、寡黙で口数のすくない人で私たち若い者にとっては近寄りがたかったがこの日はいろいろ話をしてくれた。

彼曰く、終戦の時は戦争に負けた悔しさより、これでやっと戦争が終るとホッとした気持ちだった。だが、その後進駐して来たアメリカ兵を見た時、その多くの兵が身長一八〇センチ前後もある体格の良い者ばかりで、「俺たちはこんな奴らと戦争をしていたのか！」と圧倒的な体格の差に情けなさとみじめな気持ちだったと話してくれた。

既に終戦から二七～八年経った当時、我が日本は高度成長期真只中。一九六四年東京オリンピック開催、一九七〇年には大阪万国博覧会開催、一九七五年には沖縄国際海洋博覧会開催など多くの国際的国家事業を行い、日本国内に見た目では戦争の傷跡は全く残っていなかったが、辛い戦争を体験したこの人の心の深い傷は、まだ癒えていないようだ。

私たちを見上げ、微笑みながら「日本人も大きくなったなー」と独り言のようにつぶやきながら、米兵に負けない体格の私たちを頼もしそうに見送ってくれた。

私は、この人たちが大変な苦労をされ、今の日本の平和があることを忘れてはならないと心に誓った。

一七時前には夕食を済ませ、部隊外居住者・外出・特外・休暇者の正門と西門での身分証明書・許可書の確認対応等をする。

ちなみに自衛官は、基本三六五日二四時間勤務。衣・食・住のほぼすべてが支給されることになっている為、部隊食堂で食事が出来ない。休暇・特外・外出者に、その日数分が主に缶詰で携行食として支給された。

カン飯は、白米、赤飯、炊き込み飯等種類が沢山あったが食べると胸焼けした。おかずカンも種類は沢山有ったが皆不味い。そんなか私が唯一気に入って、娑婆の友人にも評判が良かったのが沢庵《たくあん》の缶詰で、少し鉄臭かったが味が良く歯ごたえも良かった。その他、乾パン、ラーメン、ジュース（ジュースは不二家ネクターピーチが大好きだった。自衛隊で初めて飲んだ時はこの世の中にこんな美味いものがあったのかと感動したぐらいだ、桃の缶詰より生の桃より美味かった）等が支給された。

平日の外出者は少ないので、部隊外居住者が帰ってしまえばあとは交代で駐屯地の巡回をした後は交代で仮眠をするだけ。

夜の楽しみは、当直勤務の時に夜食として支給される、何故かいつも同じインスタントラーメン、サッポロ一番みそラーメンを、ストーブがある時期には警衛勤務者全員分を大きな鍋でストーブの上で、餃子の差し入れがある時は具代わりに一緒に煮込み皆で食べるのが楽しみだ。

陸士・陸曹の帰隊時間（門限）は二三時、幹部は二四時になっている。勤務がある日以外は毎日朝六時起床・二二時消灯就寝の生活をしているので、私は二三時近くになると眠くなる。ボーっとしていると、隣に座っていた福島県出身の真面目で堅物な三五歳独身の佐藤三曹が作業服の袖をヒジまでまくり、おみやげのみかんが入っていた赤いアミ袋に腕をヒジまで入れじっと見ていた。何を考え見つめているのか私には分からなかった。

同室や同じ課の者が警衛勤務に就いている場合、外出した者がおみやげを差し入れることがよくあった。おみやげは色々だ、餃子、甘栗、果物、「およげたいやきくん」の歌がヒットした時は、タイ焼きが山になっていた。

そんなところに最後の陸士が帰ってきた。

その時、佐藤三曹が低い静かな声で「隊長〜、隊長〜、い、今、D一士が白いミニスカートをはいていたようです」

隊長は上ずった声で、「なぁ、なにー！　ほ、ほおんとうかー!?　へぇー部屋に行って確認して来なさい！」

佐藤三曹は数分で慌てて戻ってきた。高い声で

「部屋でD一士が白いスカートを脱いでいました！」

「なぁ、何でスカートを脱いでいるんだ！」

「何で？　――何で脱いでいるかと言われましても自分には……」

「な、何でスカートが白いんだ！」

「何ででしょうか？」

訳の分からないやり取りはしばらくつづいた。人間は自分の理解できないものを見た時、混乱しながらも取り敢えず何か言わなければと考えるようだ。普段冷静で物静かな佐藤三曹

の動揺が手に取るように分かった。

佐藤三曹は消灯で薄暗い部屋の隅で、Ｄ一士が白いミニスカートを脱ぐ姿を見たとき、薄気味悪さを通り越し恐怖すら感じ、声も掛けられず慌てふためき警衛所に逃げ帰って来たのだろう。

新隊員の自分などが聞いてはいけない会話のようで、寝たふりでもしようかと、五十嵐二士を見ると既に目を閉じていた。

「寝ているのか？」

しかし、前で両手を重ね、あごを引き、凛と背筋を伸ばしたその姿は、まるで高僧が座禅をしているようだ。

「そうだ！　自分も早く寝たふりをしなければ」

やがて隊長たちの会話も途切れ静かになった、結論が出たようだ。

白いミニスカートは、見なかったことになったようだ。

朝になってもそのことを口に出す者は誰もいなかった。

暑いほど効く石油ストーブの送風ファンのボォーという単調重低音を聞いていると心地よく、やがて私は寝込んでいた。

しかしその静かな警衛所内に、「コーン、カラカラカラー」と大きな音が鳴り響いた。その音は隊員が被るライナーと呼ばれる鉄帽テッパチ（鉄のヘルメット）の中に着用するヘルメット（中帽）がコンクリートの床に落ち転がる音だ。ライナーは本来付いている革の紐をアゴに掛け留めて被るものだが、うっとうしいので外しヘルメットのツバの先にかける者が多くいた。

その状態で居眠りし（舟をこぐ）、前後に上体を揺らした時に頭から外れ落ちることがよくあった。それが深夜の静まりかえった警衛所のコンクリート床に落ちると、それはけたたましく聞こえる。その音で居眠りをしている者は叩起こされ、寝ぼけながらも反射的に素早く自分の頭に手を当て、自分のヘルメットがあるかを確認し、あるとホッとしながらも冷静を装い、自分は居眠りなどしていなかったような顔をしている。

落とした者も、今まで居眠りをしていたことが信じられない速さでヘルメットを拾い被る。しかしそのヘルメットは前と後ろが逆なのに気付かず、冷静さを装う姿を見て吹き出しそうになったことがある。

ヘルメットが前に落ちた場合はまだ良いが、後ろに反った時に落ちると災難だ。ゴロゴロと部屋の隅にまで転がってしまうこともある。

落とした者は自分の椅子の周りを寝ぼけながらぐるぐる回って慌てているが、それでも文句を言う者もなく、皆真面目そうな顔で前を見ている。

夏のある日、警衛当直に就いた時の話だが。

高田三曹がいつもの幽霊話を始めた。ほとんどの自衛隊駐屯地で言い伝えられている、話に尾ひれがつき訳の分からないその話は、いつも新隊員たちが深夜の巡回に出る前に始まる。花形二士と私が巡回に出ようとすると、「二人とも気をつけろよー」と笑っていた。花形二士が「あの人は、俺たちを怖がらそうといつも幽霊話をするんだ。以前当直に就いた時なんか、深夜の巡回の時、格納庫の角に隠れていて脅かされた。思わず張り倒しそうになった」

私も前からいつか仕返しをしてやろうと考えていたので、「そうだ！　今夜は俺たちで脅かしてやろう」と、私たちの後から巡回に出る予定の高田三曹を待ち伏せることにした。

陸士は二人で巡回するが、陸曹は一人で巡回していた。待ち伏せの場所はどこから来ても確認できるので、滑走路と駐機場の間にある三〇センチ程に生えている草地に伏せ待ち構えていた。しばらくすると薄暗い懐中電灯を灯し高田三曹が鼻歌を歌いながらやって来た。その滑走路脇、芝だか雑草だか分からない草地には山ウドが自生しており、毎年春にはそのウドを酢味噌で食べた。アクが強かったが香りがよく濃厚な味で美味しかった。それと四月頃にはボケの赤い花が咲き、寒い日には廊下に置いた防火用水のバケツの水が凍ったほど寒い宇都宮の冬が、暖かくなった喜びも感じられた。

その低木のクサボケには、初夏には大きな梅の実ほどもある実が生った。私たちは、そのボケの実を高田三曹に投げ脅かすことにした。新隊員のとき散々やらされていたホフク前進。航空学校に配属になり、炎天下あれ程やらされたホフク前進は無駄だったと思っていたが、こんな場面で役に立つとは思わなかった。

私たちは第四ホフクで静かに近づき、二人で同時にボケの実を投げた。私の投げた実は高田三曹のライナーにあたり変な音がした。花形二士の投げた実は高田三曹の頭の上を通り越し、格納庫の扉に当たった。花形二士は学校野球部でピッチャーをしていて肩が良かった。その音は、真夏の深夜の音の悪い除夜の鐘の音のようだった。

高田三曹は「ヒィ！」と小さな悲鳴のような声を上げ走り去っていった。警衛所に戻ると私たちより遅く巡回にでたはずの高田三曹が、既に警衛所に戻っていた。隅のイスに座っていた高田三曹の顔は青ざめ一点を見つめていた。

私たち二人は、本当は気が小さかった高田三曹を見てしまったような気がして、少し反省した。

深夜の巡回も終り、二時過ぎにやっと自分の仮眠の番が来た。閉め切ったカビ臭い仮眠室のベッドは、男の体臭、汗の臭いが染み込み、先ほどまで仮眠していた者の温もりが残っていて余計に気持ちが悪いが、半長靴を脱ぎ、横になり足を伸ばせるのは気持ちが良い。たちまち深い眠りに落ちる。

朝の警衛の仕事は、日曜・祝日以外、部隊外居住者の正門と西門での身分証明書の確認対応、駐屯地指令でもある学校長の出迎え対応、国旗掲揚だ。

七時四〇分、警衛勤務者全員が校長を出迎えるため警衛所前に整列した。直後、校長の乗る黒塗りの車が正門から入ってきた。

警衛司令の号令で一斉に敬礼した。その瞬間、「ワァワァワァワァワァワン！」と物凄い勢いで犬がその車を追いかけている。

「ポチだ！」

私の前に立つ警衛司令の首筋に冷や汗がたれるのが見えた。

誰が名付けたのか当時猫は「タマ」、犬は「ポチ」の名が多かった。安易だが確かに覚えやすい。その野良犬だった雑種のポチは、いつ頃か警衛所で皆で内緒で飼っていた犬だ。

駐屯地内で犬などを飼うことは禁止されていた為、紐などでつないでおくことは出来なかったので、ポチはいつも駐屯地内を自由に歩き回っていた。

宮駐とん地

「まずい!」。皆心の中で「ポチやめてくれ〜!」と叫んでいただろう。
四〇メートル程離れた本館庁舎玄関前に車が停まり校長が降りた。
校長はポチに「出迎えご苦労!」と言って本館庁舎に入っていった。
校長の対応に皆ほっとした。
ポチは「ワン!」と一吠えして、しっぽを振りながら警衛所に戻ってきた。

永い一日だった。
今年も駐屯地正門脇のハクモクレンの花のつぼみが膨らんできた。もうすぐ春だ。
居心地のいい場所だ——。

2 野良犬のポチ

防衛庁からなのか、学校、各方面隊からだったのか憶えていないが、「本年度から毎年一年間、(年代別だったか、年齢別だったか)定められた距離のマラソンを各自実施するように」とのお達しがあった。
航空学校に配属になってからは毎日飛行機の整備で、それ以外は当直勤務。戦闘訓練もなく、自衛官である自覚も薄かった。

運動と言えるものは、朝礼時に時々するラジオ体操と、人員不足でしていた銃剣道（三八式歩兵銃に着剣したときと同じ長さの一・六五メートルの木製で銃の型をした物で防具を着け左胸にある的［肩］を突き合う）。でも銃剣道では、日本武道館で毎年行われている中央大会に二年連続で行くことが出来たので、当時はやむを得ずやっていた銃剣道だが、今となっては良い思い出になった。

そんな程度なので今までは、走るようなことはあまりなかった。

しかし、いくら嫌でも毎日少しずつ走っておかないと後で大変なので、今日も少し走ることにした。

夕食は、走り終えた頃には食堂は閉ってしまうし、腹いっぱい食べて走ると途中食べた物をもどしてしまうこともあるので、走る者は皆、夕食は飯盒に取っておき、走り終え風呂に入ってから食べるようにしている。

今日は走っている者が少ない。滑走路南端先、駐屯地南外柵脇道を右折すると、前方にやっと人影が見えた。それは黒岩三曹だった。

黒岩三曹は三〇歳の独身。若い陸士たちが呼んでいた「南の隠居部屋」の住人だ。

隠居部屋には、各部屋に一人いる若い陸曹以外の陸曹たちが、宿舎二階の東端に廊下を挟み向かい合う北と南の二つの部屋に居住していた。

地黒で身長はそれほど大きくないが、筋肉質のその身体はラガーマンのようだ。しかしその体に似合わず、入浴が済むと部屋で必ず毎日「ミクロゲン」（顔と体に生える毛の生育に効くクリーム状の外用剤）を、テーブルの上に置いた小さな丸い鏡を背中を丸め覗き込こみ、眉毛に塗っていた。見た目とは反対に、自分の薄い眉毛を気にする繊細さがあった。

いつだったか私は「黒岩三曹、ミクロゲンは効果ありますか？」と聞いたことがある。「うん、最近効果が出てきた感じだ――」と言っていたが、私には眉毛に変化は感じなかった。


私は黒岩三曹に追い着こうとペースを上げた。しかしその黒い体は、まるで蒸気機関車のように短い足を地響きをたてながら走っていてなかなか追いつかない。やっとの思いで一〇メートルくらいにまで距離を縮めたその時、黒岩三曹が足を止めた。

当時はその駐屯地南西角付近から二～三メートルの高さの盛土がいくつもあり死角が多くあった。その死角から突然、二頭の野良犬が道をふさぐように出てきたのだ。

道から逸れると背の高い草が生い茂っていて進むのも困難だ。黒岩三曹に追い着き「どうします？　引き返しますか！」と私は今走ってきた方を振り返ると、そこにはいつの間にか、三頭の野良犬が道をふさぐように私のすぐ後ろを追尾し挟み撃ちになっていた。

その時、私はむかしのある出来事を思い出していた。

数人の不良に一人囲まれ、頭の毛は逆立ち心臓は鼓動が相手に聞こえるのではないかと思うほど高鳴り口から飛び出るのではないかと思えるほど興奮したことがあった。でもしばらくすると高ぶりはふと無くなり、妙に落ち着きだした。すると相手がよく見えるようになり、冷静になってきた不良たちは多勢に無勢なのに落ち着いている私に、反対に動揺しているようだった。私がゆっくりと歩き出すと道を開け、誰一人手出しする者も無くその場から離れられたことがあった。

昭和の時代は、飼い犬でも鎖もせず放し飼い状態の犬が多くいた。

私は中学時代、友人たちと度々サイクリングに出かけていた。遠出の時は、まだ起きている人も少ない早朝に家を出る。すると必ず一〜二回は犬の集団に出くわす。住宅街でも郊外にもいたその野良犬どもは、人間を全く恐れることなく道の真ん中で悠然とたむろしていた。そこを私たちが通り過ぎようとすると、けたたましく吠えながら理由もなく襲い掛かってきた。まるで街のチンピラのようだった。

目の前のコイツらも、斜めに構え横目で睨むその目はまさにチンピラだ。

当時はまだ民家も少なかった駐屯地西外柵付近で、二〜三ヶ月前頃から時々姿を見るようになった野良犬。時には滑走路にまで入りこみ、教官が操縦するOH–6（ヘリコプター）で柵の外へと追い払っていた。

以前は飼い犬だったのだろう、首輪をした犬もいる。野良犬として生まれた犬もいるだろう。コイツらは野良犬として永く生き、人間に媚を売ることなく生きていた原始の野生時代の本能が目覚めたのか。

当時滑走路の西側から外柵添いのバラス道までの広大の場所は人が立ち入る事が少なく、野生動物の楽園と化していた。タヌキ、野ウサギ、キジ、七つの卵があるカモの巣も見たこともあった。

しかし、野良犬の仕業か、その付近には羽が散乱し親鳥はいなかった。カモのように俺たちもコイツらに狩られるのか！

走って逃げ切れるものではない。走っている後ろ足にかみつかれその足を前に踏み出した時、足に食い込んだ牙で足の肉は裂けるだろう。アキレス腱でも切れたら大変だ。狂犬病の犬もいるかも知れない。

私たちは覚悟を決めた。黒岩三曹と私はどちらからともなく、背合わせになり身構えた。

黒岩三曹が「小栗、そっちの二頭はたのんだぞ！　俺はこっちを何とかする」と叫ぶと、私も「来るならこい、蹴り殺してやる！」と犬を睨んだ。

ボスらしきひときわ大きいその野良犬は、地面にアゴが付くほど姿勢を低くし私を下から睨み上げ「グゥーグルルー」と低い唸り声をあげている。

「コイツは私が少しでも目を逸らしたら、その瞬間飛び掛かってくるだろう」

睨み合いが数十秒続いた時、遠くで犬がけたたましく吠えているのが聞こえて来た。

もちろん人間より耳が良い野良犬どもにも聞こえたのだろう。鳴き声のする方向を気にしだし、私から目を逸らして声がする方向に顔を向けた。私もその方向を見た。

すると三〇〇メートルほど離れた滑走路東端付近から、犬がもの凄い勢いで滑走路を横切り、私たちのいるところを目指し、吠えながら真直ぐに走ってくる。

「ポチだ！」

たちまちポチは野良犬のボスにその勢いのまま飛び掛った。

野良犬とポチは上に下にと激しい戦いになった。他の野良犬は隙があればポチの足に噛みつこうとその回りを取り囲んだ。私は、そうはさせまいと一匹の野良犬の後ろ足の間を蹴り上げた。

犬は尻から空中で前方に一回転し地面に落ち「キャイン！」と吠え逃げていった。黒岩三曹も太い腕を振り回し追い払っている。そこに後から走って来た隊員二人も加わり、野良犬ども蹴散らした。

犬は混乱し散りじりになって一頭ずつ逃げていき、ポチと戦っていた犬も逃げ出して西外柵有刺鉄線の下を掻い潜り駐屯地の外へ出て行った。

それを確認したポチは、勝ちほこったように遠吠えし、体のあちこちから血を滲ませ、足を引きずりながら私のところに来た。

私は戦友ポチを抱きしめた。

ポチは自分の縄張りに入って来た野良犬をただ追い払っただけなのかもしれないが、ポチが来てくれなければ私たちは無傷ではいられなかっただろう。

私たちにとっては、どこからともなく飛んで来て助けてくれる、スーパーマンのように思えた。

それからポチは夕方になると、駐屯地南西角外柵付近の盛土の上で、マラソンをする私たちを守るように西外柵を見つめていた。野良犬も二度と現れる事は無かった。

それから三～四ヶ月後、突然ポチの姿が消えた。どこに行ったのか、誰に聞いても知る者はいなかった。

北宇都宮駐とん地

私はいつもその付近を走るとき、「ポチありがとう！」と大きな声で感謝の言葉をかけた。どこかで元気で生きていることを祈りながら。

3　金魚とミドリ亀

私は自衛隊に入隊する前から、実家で金魚を飼っていた。

私が入隊して一年経った頃、母親が金魚の水槽の水交換が大変だからと言うので、高崎の実家から宇都宮まで、水槽と金魚をバイク（ホンダ・ダックス70）に積み運ぶことになった。水槽は七〇×四〇×四〇センチと大きく、ダックス70で運ぶのは大変だったが何とか学校に運び込み、営内班の南窓前の棚の上に置くことが出来た。

本来、自衛隊駐屯地内では生き物を個人的に飼うことは禁止されているようだが、ここは違っている。南の隠居部屋には、動物ではないが南窓前棚の上に、当時盆栽ブームでサツキの盆栽がいくつも並んでいたり、ハイビスカスの真っ赤な花も咲いていた。当時は射場が、盆栽に使われる鹿沼石が取れる鹿沼にあったため、実弾射撃訓練に行くのが目的なのか、鹿沼石を取りに行くのが目的なのか分からない隊員も多く、のんびりとした部隊だ。

しかしここも学校とはいえ、自衛隊の部隊にはかわりない。年に一度だったか、補給点検や物品点検と言われる、日本国民の税金で購入した官品が各自衛官に貸与されその物が確かにあるかの確認をすることがある。それは本来一般部隊では大変な行事のようだが、ここではそんな時、学校の課長クラスの幹部がぞろぞろと来るが盆栽の話題で盛り上がるだけで、物品の数だけ揃っていれば何も文句を言う者は居なかった。

私の飼っている金魚は、「小栗、金魚でかくなったなー。餌、なにやっているんだい」と言われつつ、結局いつも自宅の鯉の自慢話を毎年聞かされて終了する。

しかし、数が多過ぎるのか、時々金魚が死んだ。その時は、北の隠居部屋にいる少年工科学校から配属になり航空機整備士をしていた松井三曹が飼っていたミドリ亀の餌になった。松井三曹はいつの頃からかミドリ亀を飼い始め、既に五匹もいた。普段亀には亀用の餌をやっていたが「金魚の方が喜んで食べるんだよ」と私の水槽の金魚をよく眺めに来ていた。その松井三曹がＦＥＣ（陸曹航空操縦学生）に合格して三重県明野にある航空学校本校に入校する事になり、ミドリ亀をどうするか悩んだようだが、整備班長に「亀は置いて行け！亀は」と言われ、北の隠居部屋の住人に面倒を頼み学校に入校していった。

私も金魚が死ぬと亀にやっていたら、たちまちミドリ亀は巨大になった。

4　父の墓

父の死は突然だった。

深夜、八歳の姉が近所の個人病院の医師を起こし連れてきた時、既に息は無かった。今ならば電話もあり救急車も直ぐ来るので助かったかもしれないが。

推測だが過労による心筋梗塞だったようだ。母親は「心臓麻痺」と医師に言われたと言っていたが、当時は心臓停止で死亡した人は皆「心臓麻痺」と言われていたようだ。四四歳だった。

家に貯えは殆ど無く、たちまち貧乏のどん底生活になった。そんな状況なので、父親の墓石は、誰かがどこかで拾ってきた石一個だった、小学一年生になったばかりの私でも持ち上げられる程の物だ、まるで犬のお墓のようだ。その石の後ろに塔婆が立っているので辛うじて「墓石なのか?」と知らない人でも分かるぐらいだろう。

幼い私でも父がとても哀れに感じ、自分が大人になったら父のお墓を建てようと決意した。

その思いは一五年後、叶う事になった。私が自衛隊に入り一任期（二年間）の任期終了二二歳の時に、満期金として給料やボーナス以外の大金が入ったことで叶った。父の墓石は四五万円、今でも領収書が残っていた（現在は一任期二年終了すると、満期金六〇万円くらいになるようだ）。

私は家庭の事情で転校を繰り返し、小学校だけでも四校に通ったが、団塊の世代と言われたベビーブームの影響で、どこも生徒は千数百人おり、中学校も一学年八〜九クラスもあって一〇〇〇人以上の生徒がいた、しかし一クラス五〇人前後も生徒がいても意外と父親がいない生徒は少なく、一〜二人くらいだった。

年に一〜二回父親参観日があったが、私はその日が嫌だった。小学校何年生だったか覚えていないが、先生が「小栗君、父親参観日があるから」と言いかけて「あー、小栗君はお父さんがいなかったんだよねー」と言われたことがあった。幼い頃は父親が居ないことで金銭面だけでなく、惨めで寂しい思いを随分したが、四〇代中頃から小中学校の友人たちから時々耳にするようになった話では、「父親が癌で大変なんだ」「母親が死んだ」「両親と同居したがうまくいかず、嫁が子供を連れ実家に帰ってしまった」。

さらに五〇代になると、「父親、母親が寝たきりになってしまった」「父親が定年後痴呆症になり、病弱の母親がやっと見ている」そんな話ばかりだ。

私は父親のいる友だちが羨ましかったし、「自分は何て不幸なんだろう、神様なんていないんだ！」と思ったことも何度もあったが、この歳になりやっと分かった。全ての者ではないが、両親が高齢になって多くの者が経験する親子間の大変な問題があり、自分はその大変な問題を既に幼い時に済ませていたんだ、と。

私は友人に「お前たちは親に高校・大学まで出してもらい、成人過ぎても、社会人になっても結婚してもまだ親に甘え、家まで建ててもらい、子供（孫）まで育ててもらい、親の面倒が大変だなんて言うな、最後まで親の面倒を見るのは当然だろう」と言っている。

私にとって親の助けは最小限だった。父親は私が六歳まで、母親は私が三三歳まで生きたが、病弱だったので母親の助けは無いに等しかった。その為か、自分では意識は無かったが同年齢と比べると自立心があるように見えたのだろう。

子供にとって、父親・母親は世界で一人だけ。病死、事故死などでの別れは仕方が無いことだが、離婚での父親・母親との生き別れは幼児にとっては理解できないことだろう。

その精神的ショックは大人には想像出来ないだろうし、その子が大人になっても一生消えない心の傷になる。今や離婚経験者は三～四人に一人らしいが、その離婚により不幸になる子供が一人でも出ないことを願わずにはいられない。幼い頃両親が離婚した経験がある人で、大人になってうつ病などで心療内科に通う人が多いようだ。

第5章

自衛隊員の青春

1　マジックとバター

ある日の夕方、風呂から部屋に戻ったら、私の一期先輩の北野士長に、整備課に配属になったばかりの新隊員矢部二士が話しかけていたところだった。

「北野士長、バターで擦っても駄目でした」

「どこのメーカーのだぁ」

「朝食のパンに付いている銀紙に包まれているあれです」

「バカッ、ありゃマーガリンだべや。植物性じゃだめだー、動物性バターだぁ」

「PXで売ってますかね？　――自分買って来ます」

「間違えるなよー！」

私には何の話か分からなかった。

二〇分程で矢部二士が帰って来た。

「北野士長、PXでは売ってなかったので糧食班（食堂）で班長に頼んで貰って来ました」

矢部二士の手にはレンガほどもある大きな業務用バターが握られていた。

「バ、バッカァ！　そんなでかくなくたっていいんだぁ」

と言いながら北野士長の目は垂れ口元は緩んでいた。今にもヨダレが垂れそうだ。

私はその北野士長の満面の笑顔を見て、何の話かやっと分かった。

今でこそコンビニでも買えるヘアーヌード写真掲載の雑誌。当時の日本はヘアーヌード禁止で、過激な雑誌のヌード写真のその部分は必ず黒いマジックで消されていた。

当時の若者たちはそのマジックを何とか消せないかと、試行錯誤あの手この手と考えていた。「バターで擦るとマジックが消える！」というまことしやかな噂もその一つだ。

いつの間にか北野士長のベッドの周りを、手に手に自分お気に入りの雑誌を持った者たちが囲んでいた。北野士長はデカい業務用バターの包装をにぎにぎしく開き、人差指の爪の先にバターをチョビッと付け、仰々しくその黒い部分に付け擦りだした。

皆、生唾を飲み込みそうな顔で黙ってその部分を凝視している。

「薄くなったか」誰かが堪りかねて言った。

北野士長は「そんなに甘くはない」と言いながら、今度はこってり指先にバターを乗せ、まだ変化の無い黒い部分を再び擦りだした。

擦りだして二〇分ほどが経った頃、北野士長が「おおぉー」と声をあげた。

皆は「どうした、消えたか」「見えたか！」「どうなってるんだ」。北野士長は徐々に雑誌の写真を天井に向け蛍光灯の光にさらした。

「な、何か見えるぞ！」

皆から「オー」とどよめきが起こった。

しかし北野士長は「あれ、あれぇー」と写真を裏から表から確認している。

「どうした、貸してみろ！」たまりかねた班長が雑誌を蛍光灯に透かした。

班長も「あれ？　あれぇ？　なんだ――」

長時間擦りつけたバターの油が紙の裏まで染み込んで紙が透けてしまい、裏面のヌード写真の脇の下の部分が、想像を逞しくしていた北野士長を怪しく勘違いさせたようだ。見えない物を見せていたのだろう。

「あーあ」と、ため息とともに皆雑誌を手に自分の部屋やベッドへと帰っていった。

北野士長はバターだらけになった手を洗いに、一人洗面所にガッカリした顔で独り言を言いながら向った。

「バターも駄目か～」

それから一週間後。

矢部二士が北野士長に「北野士長！　北野士長！　良い物を見つけました」

それは砂消しと呼ばれる、細かい砂入りの消しゴムだ。

「これで擦ればマジック消せるかもしれませんよ！」

「ほ、ほ、ほんとうかー」

懲りない人たちだ。

そういう自分も気になり見ていると、たちまち紙に穴が開いてしまった。

「やっぱり……」


ある日の昼、食堂で整備課のいつものメンバーと食事をしているところに、写真班の都丸士長が矢部二士の隣に座った。矢部二士は以前から、写真班の者ならマジックを消す方法を何か知っているのではないかと考えていたようだ。

矢部二士は意を決し、都丸士長にそのことを聞いた。私は思わず期待しながら、「コイツ、北野士長より賢いな」と思った。

しかしその返答に私たちは打ちのめされた。

都丸士長は、

「あれは消せるわけないよ！　だってあれ、ネガ（フィルム）自体に直接黒いマジックで消してあるんだから」

と簡単に言ってのけたのだ。

皆の箸が止まった。残った飯に味噌汁をかけ口の中にかきこんでいる者は、顔半分が丼の中に埋まったまま固まっている。まるで時が止まっているようだ。都丸士長の箸だけがカサカサと音をたてている。

数秒で皆動き出し、誰ともなく「そりゃそーだよな～」「俺もそうだと思っていたんだ～」等と言ってはいるが、心境は皆穏やかでなさそうだ。

確かに何千部も、雑誌によっては何万部も販売するであろう雑誌の一枚一枚の写真のそこを、誰がマジックで消すというのだ。考えてみれば分かりそうなものだが。

そうなんだ！　皆心の奥底では「消す事は多分出来ないのだろう」と考えていたのだろうが、性欲という欲が「いやそんなことはない、消せるはずだ」と囁いて無駄な努力をさせていたのだろう。

私と同じくらいの世代の男子だと、ほとんどの者が経験したことがあると思うが。

私のそれは中学一年の時だった。

友人に「今日は兄貴が居ないから家に来ないか」と誘われた。彼の両親は共稼ぎで今年大学に入った兄さんもバイトらしい。友人は兄がベットの下にエロ雑誌を隠していることを知っていて、一緒に見ようと言うのだ。

その友人の家の中庭には小さな温室があり、まだ寒いし突然誰かが帰ってきても安全だからということで、そこでエロ雑誌を見せてくれた。

それは中学一年の自分には大変刺激的な物だったことを今でも鮮明に覚えている。

しかしその時から、黒いマジックは肝心な部分を隠していた。友人も「どうしてもこれ、消えないいんだよ〜」と裏から見たり斜めから見たりしていた。

その時の二人の結論は「きっと大人になれば消し方が分かり消せるんだ！」だった。

そんな無知で純粋な気持ちを持ち続けてきた今の俺たちにとっては、「マジックが消せるか、消せないのか」ということはどうでもよかったのだろう。

当たるわけないと思っても買ってしまう「夢」としての宝くじ。絶対に当たることのない一等の夢を見て「もしかしたら当たるのではないか」と信じる気持ちと同じで、大人になって消せないことに気づいても、少年の時の「大人になれば消せるんだ」という「夢」を壊したくないのだろう。

2　米兵からのプレゼント・雑誌『プレイボーイ』

ベトナム戦争末期当時、米軍のＨＵ－１Ｂ（ヘリコプター）が、給油のため宇都宮飛行場に時々立ち寄っていた。

細かい経緯は分からなかったが、この機の多くがベトナムの最前線で使われていたようだ。

左スキット（ヘリコプターの着陸脚）先に小銃の弾が貫通したような穴が開いている機もあった。しかし米兵は大らかと言うか悪く言えば無神経大雑把な兵が多かった。

私は学校配属になってすぐ、危険物乙種第四類資格を取得していたので、タンクローリーで給油係をする事が時々あった。

ある日、私が給油係をしていた時、米軍のヘリが飛来し給油する事になった。ローリーをヘリの脇につけ、航空機燃料JP－4を給油し始めた。

HU－1Bヘリの前部左右下部分には、パイロットが空中でヘリの真下地上の情景を見られるように一部アクリル製窓があるのだが、そこに無造作にアメリカの雑誌『プレイボーイ』が投げ捨てられているのが外から見えた。

自衛隊でこんな事は絶対に無いし、あれば教官に張り倒されるだろう。『プレイボーイ』は閉じているので中は確認出来なかったが、表紙の白人モデルの写真を見ただけで中身が想像できた。

格納庫で飛行機を整備していたはずの北野士長が、いつの間にか米軍ヘリの窓を拭いている。この手のことに限って、北野士長の動物的本能は鋭いものがある。しかし『プレイボーイ』を鋭く穴が開くほど凝視する目とは反対に、北野士長のその手は壊れた車のワイパーのように同じ場所を力なく拭いている。

あの一件以来、「日本の雑誌じゃあ駄目だぁ、やっぱり本場物だー」がいつも口癖になっていた北野士長が、「何とかならねぇかな、小栗士長〜」と、うわ言のように言っている。盗む訳にもいかないので、「よし米兵に頼んでみるか」。私は良い事を思いついた。そのきっかけに飲み物でも渡して頼んでみようと。

北野士長にＰＸでコカコーラ（当時駐屯地には清涼飲料の自販機はなかった）を買ってくるよう頼んだ。「確か乗員は二人だから二〜三本あれば大丈夫だよ」

私が給油を終え、タンクローリーを定位置に戻し終わったところに、北野士長が戻って来た。その手には五〜六本もコーラの小瓶を抱えていた。「小栗士長も飲んでくれ！」

そこに用事が済んだ米兵が戻ってきた。私は片言の英語で「コーラ飲みませんか」と聞くと、喜んでその場でコーラの栓をヘリのドアの縁で器用に開け、一気に飲み干した。

私はすかさず「その雑誌を貰えませんか」と聞くと、いとも簡単にコーラの空きビンと一緒に私に手渡した。私が礼を言うと「どういたしまして！」と言いヘリのドアを閉めた。

私は慌てて空きビンごとポケットに押し込んだが、その大きなプレイボーイは半分以上ポケットからはみ出していた。「もうここしかない」と、私は作業服上衣のチャックを開けプレイボーイを入れチャックを閉めた。

「あーこれで安心だー」

ホッとしてヘリ前方を見ると、北野士長が目を真ん丸く見開き、腹話術の人形のように口をパクパクさせている。無理やり航空機誘導係（今はマーシャラーと呼ぶようだが、当時はピストとかピースと言っていた記憶がある）と交代したようだ。

私がOKサインを出すと、飛行機が離陸する時、誘導係が周りの安全を確認しパイロットへ「離陸よし」のサインをだすのだが、北野士長のそれは、嬉しさのあまりまるでひな鳥が巣で羽ばたきの練習をしているように激しかった。

私は「自分が飛んでどうする。まだ私も機の脇にいるのに」と思いながらも、嬉しさを堪え、米兵が落したビンの栓を拾いながらヘリから離れた。

米兵たちは笑いながらヘリのエンジンを回した。「キィーイーン」と音を立て、たちまち飛び立っていった。北野士長は乱暴なほど激しいヘリの離陸でふらつきながらも、足をふん張りまだ腕をバタバタ振っている。

米軍のパイロットのほとんどは、ヘリでも車に乗るように簡単に乗り飛び去っていくが、自衛隊では飛行機搭乗前、パイロットは「飛行前点検」を必ず実施しなければならない規定がある。まずメインスイッチ「オフ」を確認後、整備記録簿で内容を確認して、反時計回りで機体の数十項目のチェックをする。固定翼機（翼のある飛行機）・回転翼機（ヘリコプター）での違いはあるが、慣れた者でも二〇分はかかる。

ある八月の炎天下、ここは航空学校ということもあり、今日も基本に則り学生がOH−6ヘリの飛行前点検を始めた。教官はヘリの中で今日の操縦教育の確認をしている。しかし一五分を過ぎた頃からその暑さに参っているようだ。二〇分過ぎても学生の飛行前点検はまだ終わらない。ヘリはガラス張りの小さな温室のようなものだ。

堪りかねた教官は、ヘルメットを頭の後ろにずらしてハゲた頭を半分さらし、バインダーで扇ぎだした。その顔はゆでだこのようだ。電源車係も（飛行機のエンジンはバッテリー始動出来るが学校では電源車で行っていた）、屋根の無い電源車の焼けるような黒い座席上で暑さのあまり意識がもうろうとしているようだ。コンクリートエプロンの上は五〇度以上あるだろう。整備士、誘導係りも死にそうな顔で「早くしてくれー」と心の中で叫んでいるようだ。

学生だけが一人、真剣で暑さも感じないのか動き回っている。やっと飛行前点検が終わり学生が搭乗、待ちかねた教官はそのバインダーで学生の頭をヘルメットの上からパタパタ叩いていたことがあった。

いま素早く飛び立った米兵も、ベトナム戦を経験しているのだろう。

ベトナムの前線でエンジンが停止状態で隠してあるヘリを離陸させる時は特に危険だ。もし付近にベトコンが潜んでいればエンジンの音ですぐ気づかれ、ジャングルの中でもすばやく移動できる兵の攻撃にさらされる。エンジン始動から離陸までは生命に関わる時間だ、それは自分だけのものではない。一秒でも早い離陸の習慣がこの兵に染み付いているのだろう。

米軍ヘリが南東方向に飛び去って行くのを見送っていた私の視界に管制塔が入った。よく見ると管制塔のガラス窓にへばり付くように誰かが見ている。誰だか分からないその男の白い歯だけが確認できた、どうも笑っているようだ。

私は「あ！」と思わず声をあげた。管制塔から一部始終を見られていたようだ。

「そうだ、上から丸見えだ」——私ははっと思い辺りを見回した。格納庫の奥からエプロンに駐機したヘリの後ろから多くの者たちが、私の胸元辺りを熱い視線で見つめていた。

その翌日から私の名前は、「プレイボーイ士長」になっていた。

整備課、いや学校中回覧板のように回された『プレイボーイ』が、私たちの元へ戻ってきたのは一ヶ月後だった。既に表紙だけになっていた。

3　ポルノ雑誌への執念

私の「プレイボーイ士長」の名前が未だ消えないでいる時、また矢部二士が北野士長に怪しい話を持ち込んでいるようだった。こそこそ話していたと思ったら、北野士長は隣のベッドの私をチラリと見て、私に話を振ってきた。

北野士長は、怪しい雑誌に載っていた通販情報を教えてくれた。それはスウェーデンからのポルノ雑誌の直輸入、いや当時では密輸入だ。当時洋画ポルノ映画の多くがスウェーデン製だった為か。自衛隊では、スウェーデンと言えば「スウェーデンポルノ」で有名だった。

それは刺激的な物だった。沢山種類も有る。しかし一冊一万円する。

酒好きの北野士長に金は無い。雀の宮の風俗の常連だという噂もある。

話し合い、とりあえず三人で一冊、試しに購入することになった。しかし受け取り人を誰にするかという事になり、北野士長が「小栗士長、俺の貯めておいた携行食をやるから頼むよ」と言うので私が受取人になった。

一ヶ月程して無事その雑誌は届いた。それは『プレイボーイ』をはるかに上回る物だった。なかには刺激的なカタログも入っていて、また私たちにエロ雑誌を買わせようと誘惑している。その本屋の思惑どおり、私たちはまた三冊注文した。

それから一ヶ月程経ったある日。整備班長原田一尉が「小栗士長、総務課長が呼んでいるけど、また何かしたかー？」と聴いてきた。その時は自分に心当たりは無かったので「いやー何もしていませんよー、総務課に行ってきます」と言い残し、何だろうと思いながら総務課に行ってみた。

「小栗士長入ります！」

総務課長、田村一尉は私を見るなり「おぉ来たか、プレイボーイ士長！」

「ゲッ！」総務課にまであの時の噂が広まっていたのだ。事務室の皆も笑いを堪えている。課長は、羽田の税関から届いた一枚の葉書を差し出した（当時まだ成田空港は無く羽田が国際空港で東京税関もそこにあった）。見るとその葉書には「この書物は開封し中身を確認する必要があります」とある。
①税関で受取人立会いで開封し確認するか、②開封せずそのまま廃棄するか、「どちらにするかご連絡下さい」というような内容だったと記憶している。
今も同じだと思うが、当時駐屯地に届いた全ての郵便物は総務課で一括して受け取り各課各班別に分けるのだが、その時、郵便物・荷物の受取人はもとより、差出人の確認もしているようで、今回私宛に来たこの葉書もチェックされ不審に思われ、受取人である私が呼び出されたようだ。

一九七二年の連合赤軍によるあさま山荘事件（二月二八日に全員逮捕）を最後に活動も鎮静化してきたが、自衛隊はそんな組織等の思想に影響を受けた隊員等がいないか、政治活動をしていないか、郵便物の差出人にも注意していたようだ。

私の入隊より八年程後に入隊した後輩から聞いた話だが、その後輩が所属していた部隊の幹部数人が自衛隊の制服の裏地に、三島由紀夫か誰かの思想に影響を受けたのか、色々と文字・文章が刺繍されていたそうだ。

課長は、

「戦後生まれは、やっぱり違うなー。俺がガキの時なんか『ギブミーチョコレート』と叫びながら米兵の乗るジープを、鼻をたらしながら追っ駆けていたもんだー」

「小栗！　今度は何なんだー。それもスウェーデンから？」

私は「スウェーデンからポルノ雑誌を購入しました」とは言えないので、「ヘリ用の特殊工具のカタログをメーカーから取り寄せました」とその場を逃れた。

課長は期待外れのような顔で、ぽかーんと私を見送っていた。

さて、問題はポルノ雑誌をどうするかだ。

東京税関まで交通費をかけ、税関職員の目の前で中身を見せたら、その雑誌を渡してもらえるどころか、ただで済むわけはない。当時では密輸入だ。

「開封せずそのまま廃棄してくれ！」と税関に連絡した。

税関は金属探知機を通し、背表紙の金属製ホチキスの有無を確認後、ベテラン税関職員の勘で郵便物・荷物をランダムに拾い出し、怪しい物は開封確認をしているようだ。一冊目はたまたまそれを掻《か》い潜《くぐ》ったのだろう。

北野士長と矢部二士の落ち込みようは大変なものだった。

「俺が一番大変だったんだ！　総務課長に『小栗！　今度は何なんだー、それもスウェーデンから？』なんて言われて焦ったよ！」

「そうだよなー、俺だったら喋っちまったかもなぁ。悪かったなー」

と北野士長は言い、三万円損した事を三人で慰めあっていた。

だが北野士長はこれで引き下がるタマではなかった。

「こうなれば買いに行くしいかねぇな」

矢部二士もさすがに驚いたようで、

「買いに行くって！　どこへです？」

「外国だよー、本場だぁ」

たちまちその話は行動へと移された。

既に日本は海外旅行自由化になってはいたが、自衛官が外国旅行するのは面倒だった。

でも北野士長の頑張りは大変なものだ。整備課長・総務課長をだまくらかし、自衛隊に海外渡航許可申請を提出、何とか許可も下りた。

渡航費は皆のカンパでまかなった。当時は一ドル＝三〇〇円位だった時代。しかし皆の期待は大きく、カンパの額も多かった。しかし渡航先はスウェーデンではなくグアムだった。

それを知った矢部二士が、

「スウェーデンじゃないんだ、近くで買えるんですねー」

「ブワッカー、グアムだってアメリカだぁ、目的が果たせりゃいいんだー」

「そりゃそうだ、渡航目的はただ一つ」と私も同感した。

二週間後、北野士長は皆の期待を一人背負い出掛けて行った。

そして四日後。北野士長は凱旋した。六冊の雑誌を手に。

第6章

空の男達

1 LR－1胴体着陸

航空学校では、OH－6（ヘリコプター）、L19－A飛行機（高翼、単葉機セスナ、エアクラフト社製）、LM－1飛行機（低翼、単葉機プロペラ機）、LR－1飛行機（高翼、双葉機）等の飛行機を使用して、FEC（陸曹航空操縦学生）幹部航空操縦特技課程の教育、PAC（初級航空機整備課程）整備士の教育をしている。

一九七四年九月のある日、LR－1飛行機で、学生がタッチ・アンド・ゴー（着陸態勢で滑走路にタイヤが接地後、すぐ復航離陸する）訓練中、機体の主一脚を折った。急降下し過ぎたり、横風・強風を受けたりして機体が傾き過ぎ、着地時、左右の一脚だけに機重が掛かり過ぎるなどの要因で着陸主脚を折ることがあり、私が航空学校勤務中の三年間、同じ事故で二回の胴体着陸があった。

これはLR－1が学校配備になって初めての胴体着陸だった。

管制塔からサイレンが鳴り響き、整備課、消防をはじめ学校中皆が騒然となった。各自の作業を中断し、飛行場上空をLR－1飛行機が燃料を出来るだけ減らすため旋回している間、胴体着陸に備えた。

胴体着陸の際、コンクリートの滑走路では機体との摩擦で火が出て火災になるのではないかと、滑走路脇の草地に無事胴体着陸をし、火災にもならず怪我人も出ずにすんだ。

二回目も同じ事故で胴体着陸をすることになったが、経験があってそれも一回目から二年と経っていなかったうえ、一回目に胴体着陸をした時と同じ教官だった。

地上で対応する者も皆慣れたもので、淡々と胴体着陸に備えた。

今回は滑走路脇の草地ではなく、ＬＲ−１飛行機を製造したメーカーに一回目の胴体着陸の時にアドバイスを受けていた為か、コンクリートの滑走路での胴体着陸だったが、この時も火災になることもなく、怪我人もでなかった。

しかし、三度目のＬＲ−１胴体着陸で、我々は同期の渡部を喪うことになる。

それは後述するが、一九八三年の出来事だ。

JG-2001

JG-2001
SU
陸上自衛隊

JG-2001

2　鶴田浩二が来た

一九七五年五月二九日。今日は、航空学校宇都宮分校創立二周年記念日である。宮城県岩沼市の仙台空港にあった陸上自衛隊航空学校岩沼分校が、栃木県宇都宮市の北宇都宮駐屯地に移駐、航空学校宇都宮分校として発足した記念日だ。

一日駐屯地指令として、映画俳優の鶴田浩二が来た。

鶴田浩二は元海軍軍人、若き特攻隊員の苦悩を描いた映画『雲ながるる果てに』に主演して以来、「特攻隊の生き残り」だとしていたが、経歴については、映画会社が宣伝の一環ででっち上げたもので、実際には整備科予備士官、つまり出撃する特攻機を見送る立場であったという。これは後に聞いたことで、当時私たちも鶴田浩二は「特攻隊の生き残り」だと思っていた。

鶴田浩二は一九四八年から一九八五年にわたり数多くの映画に主演し、隊員たちにもファンが多くいた。

近くで見ると映画で見てたイメージより小柄だったが、近寄りがたいオーラを感じた。

3　旧陸軍戦闘機疾風《はやて》に乗った自衛官

一九四四年、ネフロス島に展開していた日本軍飛行第一一戦隊所属の「戦闘機疾風《はやて》」一機が飛行可能状態で米軍の手に落ちた。「疾風」は米陸軍航空情報隊が本土に送り、修復後、性能テストが行われた結果、高度六一〇〇メートルで時速六八九キロを誇る、日米戦闘機のなかで最速最強の戦闘機と評価された。

その後、米空軍情報センターのマローニー航空博物館から古典機マニアのドン・ライキンス氏へと引き継がれ、良好な状態を維持していた。

そして一九七三年、日本オーナーパイロット協会の後閑氏に譲渡された「疾風」が、その機体が生産された富士重工業宇都宮製作所（旧中島飛行機宇都宮製作所）へアメリカから送られてきて組立てられ、その後、航空学校宇都宮分校創立二周年記念日に飛行展示された。

「疾風」は、一九四四年四式戦闘機のことで、主生産工場は群馬県の太田製作所、続いて新設の宇都宮製作所で八三機生産された。総生産機数は「零戦」「隼」につぐ三位の三四九九機だった。

中島製のエンジン「ハ-45」は、直径一一八〇㎜型だが、二〇〇〇馬力の出力を持つ傑作

の空冷単気筒エンジンだった。疾風は最初からこのエンジンを装備するために設計された戦闘機で、初飛行は一九四三年四月。当時国内テスト飛行では最大速度時速六二四キロに達する素晴らしい性能を示した。

私はこの「疾風」が航空学校宇都宮分校創立二周年記念日に飛行展示された後も、航空学校の格納庫に格納されていたのを知っていたので、ある土曜日の午後、格納庫に「疾風」を見に行ってみた。

格納庫の扉は開いていて、そこには確かに「疾風」が格納されていた。

しかしオイル漏れがひどく、畳一畳以上もある特製オイル受けを機体の下に置いた姿は、傷ついた老兵を見ているようだった。

二周年記念日に宇都宮飛行場上空を飛びまわるその勇姿は、敗戦で打ちのめされ、自信を無くしていた旧日本軍兵士たちに誇りと勇気を与えてくれた。

学校には写真班（連絡偵察機で上空から敵軍等を写真撮影する）という部署があり、その班員の都丸士長から聞いた話だが、上空から「疾風」が飛行している姿を写真撮影するため、戦後製作されたアメリカ製飛行機で、太平洋戦争当時戦闘機パイロットで今は自衛隊航空学校操縦教官の操縦で撮影にでたとき、「疾風」のスピードについていけなかったらしい。

撮影飛行が終了し、教官を見たら涙ぐんでいたそうだ。
戦時中、最速最強の戦闘機と評価されてはいたが、その機も製作されてから三〇年、それでも、当時の性能を発揮できるほどに維持されている。敵国ではあるが、今はアメリカに感謝したい気持ちだったそうだ。

格納庫には、日本に「疾風」を譲渡したドン・ライキンス氏と、何故か工作室責任者の自衛隊松下技官が一緒に居た。

そこで初めて松下技官が戦時中、旧中島飛行機で「疾風」の生産に関わり、旧宇都宮製作所でもライセンス生産されていた「零式艦上戦闘機《れいしきかんじょうせんとうき》」（第二次世界大戦時、旧日本海軍の主力艦上戦闘機）の生産にも関わっていたと知った。

その為ライキンス氏が松下技官に「疾風」のことを聞いていたところだったようだ。
「運命のいたずら」とでも言うのか。三〇年前に自分が生産に関わり、死を覚悟した特攻隊員と供に何百機と送り出した「疾風」が敵国人の手により戻ってきた。松下技官の気持ちも複雑だったろう。

戦闘機が好きな私は、ライキンス氏に戦闘機への思いを話したら気持ちが伝わったのか、大変喜んで私が持っていたカメラで「疾風」と一緒の写真を撮ってくれたうえ、ライキンス

氏が「疾風に乗機するか」と言ってくれた。

私は天にも昇る気持ちを抑え、計器などを壊さないよう、慎重に足場を確認しながら機上イスに座った。

目前にわずかな計器類が見える。何か変だ、いつも見慣れている欧米製の計器とは違う。でもすぐにその違和感の原因が分かった。計器の名称が全て漢字で書いてあるのだ。

戦争中は「鬼畜米英」と、野球用語にまで敵国語である英語使用禁止とされていた時代、もちろん軍用機の計器類は全て漢字だった。

ライキンス氏はそれを英語に書き換えず、薄くなっていた文字をなぞり上書きしていた。そんなところにもライキンス氏のこの機への思いが感じられた。

ライキンス氏が「風防（操縦席を覆うカバー）を閉めてやるから頭を下げて」と言うので私は猫背で前屈みになり頭を下げた。私の身長は一八〇センチ、七四キロ。第二次大戦当時、日本の戦闘機パイロットの体格は細身で小柄、身長一五〇センチ前後が海軍では戦闘機向きとされていたらしい。


なんとか風防が閉められた。

その瞬間、機内は別世界になった。

この狭い機内は、なんて寂しい孤独な空間なんだ。

三〇年程前にこの機に乗っていた特攻隊員は、どんな気持ちだったのだろう。

一〇代で出撃した特攻隊員も大勢いると聞いた、この人たちに青春時代、青春の思い出などあったのだろうか。その時の彼らの心境など、平和な日本に生まれた自分たちなどでは想像も出来ないものだったろう、平和な日本に生まれた自分はなんて幸せ者だろう。

「自分が死ぬことで家族、国が守れるなら」と言っていた特攻隊員がいたと聞いたことを思い出した。死から逃れることができない状況でも、家族のこと国のことを思い死を受け入れていた。

特攻機で出撃し戦死した兵だけでも四四〇〇人以上と言われているが、戦争後期、混乱していた日本軍部はその尊い人数すら正確に把握していなかったようだ。

機体外観では判らなかったが、操縦席に座り周りを見ると、何と質素な機内なんだろう。

戦局の悪化で各種の資材調達が厳しくなったとは聞いていたが、当時の工員たちが空爆を受けながらやっとの思いで作り上げた手作り感が悲しく感じられた。

戦争末期は日本の防弾性が劣り、すぐ火が出る特攻機を「空飛ぶ棺おけ」「紙飛行機」等と呼んでいたと、友人の米兵が太平洋戦争で空母に乗っていた父から聞いたことがあると言っていた。

特攻隊員は「自分が死んでも祖国と家族を守ることが出来れば自分の死は無駄死にでは無いから」と信じて出撃して行ったと聞いていたが、アメリカ兵たちは「死を恐れないカミカゼは人間ではないのではないか？　親や恋人友人はいないのか！」と思っていたそうだ。

特攻機は、米艦本隊のはるか前方に配置した艦のレーダーで全て捕捉し、迎撃機で殆ど撃ち落とされ、空母までたどり着くことすら出来なかったそうだ。「何故日本人はあれほどまでに無駄な死に方が出来るのだろう」ともその父親が言っていたそうだ。

若い特攻隊員に「お前たちだけを死なせない。自分も必ず後を追う」と言っていた上官たちで特攻に出た者は殆どいなかったらしい。終戦後は他人事のような顔で生き延びた、そんな生き残りたちの子孫かもしれない自分たちに、「貴方たちの死は無駄死にだった」などと言えるだろうか。

大戦末期には、金属を始め全ての資材調達が厳しく、燃料タンクまで木で作った。熟練工も少なくなり、空中分解してしまう機もあったらしい。熟練パイロットも次から次へと死んでいく。

特攻機は離陸し飛行場上空を旋回すると、滑走路脇の草むらに主却を落として特攻に向ったと言う。そうする理由は資材不足が一番の理由であろうが、機体を少しでも軽くし、燃費・運動能力を良くするため。それと、二度と着陸することのない特攻機であるからだ。

この機も特攻機として生産されたのであろうが、幸か不幸か敵の手に落ちた為、消えることなく戦後三〇年近くこうして残ることが出来た。

しかし、松下技官はどんな気持ちなんだろう——。

第7章

自衛隊と私

1　戦争体験者の話

私が入隊した当時、航空学校には太平洋戦争で帝国軍人として戦闘機のパイロットや整備士をしていた先輩がいた。そうした人が自衛官として私の上官に何人かいたので、その先輩上官から直接貴重な話を聞くことが出来た。

整備士の上官の一人が戦争末期、「零式艦上戦闘機」の整備責任者をしていたときの話。

特攻機を、死を覚悟した特攻隊員と共に送り出す際、特攻隊員が機乗してエンジン始動後、機体最終点検のとき、操縦席後部に唐草模様の風呂敷が見えたのでまくってみたら、その下の狭い場所に女性がいて、その女性は自分に無言で両手を合わせて何度も頭を下げていたという。

上官はすぐに、女性がその特攻隊員と結婚したばかりの人だと分かったらしい。

「一〇日ほど前に結婚したばかりで、私の所に一度挨拶に来ていたから、特攻隊員ももちろん承知の事だったろう。真直ぐ前を向き黙っていた。他の一緒に出撃する特攻隊員にもこのことを知っている者がいるだろう。ここで自分が騒いでどうなるというのか。新妻まで覚悟を決め、心中の覚悟で愛する者と最後の一瞬まで一緒にいたい気持を思うと何も言えなかった。私は風呂敷を女性にかぶせ、兵士の肩を叩き『異常なし！』と大きな声で言うのがやっとだった。兵は頭を深々と下げ出撃していった」

「もちろん二人とも帰ってくることはなかったが」それが今でも夢に出てくると言っていた。

「自分は死刑執行人の片棒をかついでいるようでとても嫌だったが、この兵たちが自分の命に代えて国を守ろうとしたことを日本人が皆忘れても自分は一生忘れない」と言っていたことを思い出す。

私が除隊した一九七〇年代で、日本帝国軍人として戦争を経験した人たちのほとんどが定年退職され、もちろん今では、私のように戦争体験者から直接話を聞いた現職自衛官どころか予備自衛官すらいなくなっている。

アメリカは第二次世界大戦以後も、現在まで軍の中に常に戦争体験者が居る状態が続いている。もちろんそれを良いこととは言わないが、軍隊としては大変貴重な人材だろう。

「しょせん今の自衛隊は訓練をするための軍隊、実戦は最初から考えていない。検閲のための演習を上手に演じる国営雑技団かモデルガンのようなものさ。見た目は本物でも実戦には使えない」

と言う先輩自衛官すらいる。

新隊員教育では仲間意識を高めさせ団結心を強くさせるような教育をしていた。私が在職していた時、ワルは多かったが、仲間意識が強く陰湿な弱い者いじめやリンチなどはなかった。毎晩のように酒を飲み、今で言う「飲みニケーション」が多かった。今の若い自衛官は、たばこを吸う隊員も少なく、酒もあまり飲まないようだ。隊内クラブはいつもガラガラ、いるのは即応予備・予備自衛官のおじさんたちばかりだ。

もちろん酒を飲むか飲まないかだけの話ではないが、仲間意識も薄く、隊内では表面化しないがいじめも多いようだ。いじめでうつ病になり除隊したが、自衛隊が嫌で辞めた訳でないので予備自衛官になり、坑うつ剤を飲みながら訓練に参加している若者もいる、残念な話だ。

そもそも今の自衛隊入隊者のどのぐらいが、戦争のことを意識して入隊しているだろう。今や東大卒も珍しくない自衛官。「僕は喧嘩は嫌なのでしたことがない、親に叩かれたこともない」という若い自衛官がいたが、戦争は喧嘩どころか国と国との殺し合いだ。奇麗事など言っていられない殺し合い、自分が殺されずに一人でも多くの敵兵を殺す事だ。

予備自衛官招集訓練は五日間、年内ならば二日と三日、二回に分けての参加でも良いのだが、私はほとんど毎年五日間連続で訓練に参加している。その訓練の時に駐屯地に来るだけで、それ以外駐屯地に来ることも常備自衛官と会うこともほとんどない。

毎回一年間のブランクがある。そのため毎日見ていると気付かない駐屯地や自衛官たちの変化がよく分かる。学校卒業後直ぐに自衛隊入隊し自衛隊しか知らない者は特に、自衛隊の良い面も悪い面も気付かないのだろう。

一〇年程前のことだったか。いつも召集訓練をする駐屯地で、新隊員の教育をしていたことがあった。私がたまたま見たその新隊員たち二〇人程の半数近くがメガネを掛けていたのに驚いたことがある。私が新隊員の時は一区隊に一〜二人くらいしかいなかった。

私が小中学校時代、頭は良いけど軟弱な生徒の多くがメガネを掛けていたので、メガネを掛けている者たちを「ガリ勉君」と言うあだ名で呼んでいたが、この新隊員たちも「ガリ勉君」で頭だけは良いのだろうか？　その時「自衛隊も変わった」としみじみ感じたが、その傾向は更に早いスピードで進んでいるようだ。

近いうちに、自衛官受験資格として学歴は大学卒以上、財務省のように東大法学部出身エリートばかりで、叩き上げの陸曹・幹部が報われない組織、戦時中の大本営参謀のようなことにならなければよいが。先祖がえりという言葉があるが、過去の過ちを忘れた日本人がまた同じ過ちを犯さないことを私は願う。

不景気・長期経済低迷でも安心な国家公務員などという単純な考えや、頭が良いということだけで、入隊してもらいたくないものだ。

ペーパーテストの成績が良くても、戦争は常に予想不可能な、マニュアルにない状況が続く。テストの優等生ばかりの官僚自衛官で自衛隊は大丈夫だろうか。

入隊の合否を決める者はテストの結果重視で、もし入隊後事件を起す者が出ても自分個人の責任にはならないので、面接などで本人の資質などはあまり考えないのだろう。

兵器がどんなにハイテクになっても、戦闘を終結させるための最終手段は、現代でも、普通科部隊が中心となり、各兵士が小銃・機関銃などの小火器を手に、壕や家内、物陰に潜む敵兵を最後の一人まで見つけ出して戦闘終結させなければならない。

戦争になったら、自衛官は学歴や戦闘知識以前に、どんな状況でも動揺しない強い精神力と度胸がなければ、国民どころか、仲間、自分すら護れない。

日本は七〇年近く戦争（武力紛争）をせずに来られたが、これからまた七〇年どころか三〇年、いや一〇年先でも、戦争は絶対に無いと言い切れるだろうか。

柔道、空手などの格闘技（スポーツ）で勝つのは気持ちがいいが、喧嘩では何度勝っても、興奮が治まった時とてつもない虚しさと淋しさ、後悔の念に襲われる。

戦争で人を殺して、自分が生き残り日本が勝ったとしても、その兵の気持ちは虚しさや淋しさだけでは済まない人を殺してしまったという後悔を一生背負い続けるだろう。

私は既に老いてしまった。戦争になっても皆と一緒に戦うことは出来ないが、今の自衛隊の後輩たちは大丈夫だろうか？

2 現場の自衛官

私は四九歳の時、年齢制限ぎりぎりで即応予備自衛官になった。

その時、一緒に同い歳の鈴木二曹という者も入り、我々の小隊は高齢者小隊と呼ばれていた。小隊八名中七名が四〇歳以上、二名が五〇歳以上だ！

二年後その小隊に一名加わった。小澤士長という二六歳の若者で、後輩というよりも親子だ。彼の父親が私と同じ歳、鈴木二曹は「俺の次男坊と同じ年じゃねーか」と言っている。そう、鈴木二曹には既に孫も居た。

身長一八五センチの小澤士長、今時の若者にはめずらしく真面目で不気味なほど落ち着きがある。

小澤士長が現職の時、一緒の部隊に居た事がある。我々の川田小隊長がある時、「小澤はヤンキーだったけど、随分落ち着いてきた」と言っていたが、私は自衛官はそのくらいでなければならないと思う。

彼は現職の時、銃剣道の試合で銃剣を落とされたが、反射的に、面を被った相手にパンチを入れたらしい。自衛隊にはこんな男が必要なのに、常備自衛官として残ることが出来ない。銃剣道のルールでは相手にパンチを入れて勝つことはないが。

しかしせめてもの救いか小澤士長が相手にパンチを入れた時、三人の審判の一人が「一本！」と、そのパンチを認めたことに、私は救われた思いがした。

戦争にルールは無い。どんな状況でもあきらめず最後まで戦う根性と気持ちの持ち主が、本当の兵士ではないだろうか。この男なら、戦争になっても冷静に自分の任務を最後まで果たすだろう。


一緒に即応予備に入隊した鈴木二曹は、一八歳で自衛隊に入隊、一任期二年間で満期除隊し、それから即応予備三年間（年間三〇日）を含めて四〇年間、毎年五日間連続で訓練に出等し予備自衛官を続けている。

仕事をしながら、五日間とはいえ毎年、会社の上司、同僚に気を使いながらの訓練参加は大変なものだ。それでもやっと一曹だ。予備自衛官とはいえたった三つ階級を昇進するのに三五年以上。他の予備自衛官も皆同じような昇進だ。

防衛大以外の一流大学を卒業し短期間で階級を九も一〇も飛び越えてたちまち上級幹部になり、階級の価値観、重さの意識もないような幹部が増えている。この者たちは両親を尊敬しているのだろうか？　親に仕送りをしている者が何人いるのだろうか？　親も尊敬していないような者が国民を命を懸けて守れるのだろうか？

軟弱で仲間意識も薄く、戦争のことは全く考えない人間でも学力重視で入隊させる。防衛省のお偉いさん、出世欲の制服組官僚兵ばかりで何の役にたつのか。

二〇〇一年に創設され、二〇〇二年から陸上自衛隊で採用され実施されている予備自衛官補の技能採用者などは、全く自衛官未経験でも、二年間で五日間×二回、計一〇日間の体験入隊程度の教育で（日数は技能資格により少し違うようだが）、七階級も飛び超えた階級を与える。その採用技能資格を見ると、この資格が戦争で何の役にたつのだろうと思える資格も多い。

この予備自衛官補制度だけみても分かる。現場の常備自衛官も含めた末端の隊員の気持など何も考えない、防衛省の「自衛隊は軍隊」という意識すらない。

階級の価値観、重さを無視し、階級の安売りをする自衛隊のお偉いさんの考え方がよく分かる。それは防衛庁から防衛省になってから特に感じる。

災害派遣で疲れ果てていても、現場の隊員は、戦争など起こらないと思いながらも、クソ真面目に訓練を演習をしている。

撃てない小銃を持ち、ＰＫＯ（国連平和維持活動）活動で外国に行かされる自衛官。

現場の隊員のことなど考えない。机上の空論で物事を考え、事なかれ主義の政治家。

「しょせん今の自衛隊は訓練をするための軍隊、実戦は最初から考えていない。検閲のための演習を上手に演じる国営雑技団、モデルガンのようなものさ、見た目は本物でも実戦には使えない」と言った先輩自衛官の言葉には、そんな防衛省のお偉いさんや事なかれ主義の政治家に対する気持ちがあるのだろう。

3　第一ヘリコプター団へ転属

私は慣れ親しんでいた航空学校から、千葉県木更津駐屯地の第一ヘリコプター団に転属することになった。それは私が陸曹候補生になったため移動になったようだが、理由が何故だったかよく覚えていない。

当時貴重な陸士は満期になるとほとんど辞めていた。私も本当は、曹候補生試験は受けたくなかった。

航空学校の陸士たちの多くは極端なタイプに分かれている。

毎晩ツケをしてまで酒を飲み、給料日翌日には文無し。航空操縦学生の訓練機が教育のための離陸から戻るまで待機時間の二〜三時間、囲碁・将棋、マンガ等で過ごす者と、反対にその間勉強し、幹部やパイロットを目指しFEC（陸曹航空操縦学生）を受験し合格する者。また、待機時間や消灯後も航空機整備を毎晩勉強し、東京の通信制大学でも学び、酒もタバコもやらず、任期中は給料を貯金し、国家資格を取り、二〜三任期満了で除隊して民間航空会社の整備士として就職する、当初から陸曹になる気は全く無い者。

当時の日本は海外旅行も自由になり、一九六〇〜七〇年代の日本は高度成長期真只中、好景気で海外旅行者は右肩上がりに増え続け、航空会社はパイロットや整備士がどこも不足状態で、自衛隊からの転職が多かった。週末になると、自衛隊を退職し民間航空会社に就職した元教官が度々学校に訪れ、今で言うヘッドハンティングをしていた。

私は先に挙げたタイプとはまた違う、希少タイプ。酒は付き合い程度、タバコは吸わず、勉強も少しはするが、国家資格を取り、民間航空会社を目指するほどの努力も気力も無い。FECなど考えたこともない。

こんな中途半端なタイプが学校に残るタイプで自衛隊も必要とし、陸曹にしてしまいたいようだ。

しかしその思惑は外れる事になる。

私は迷っていた。知り合いになった米兵の両親が英国系アメリカ人で、そのお父上の紹介で英国へ行くか、結局結論が出ないまま私は、第一ヘリコプター団に転属し履修前教育（候補生の指定を受けると陸曹候補生課程を受ける前に所属部隊で陸曹候補生履修前教育を履修し、課程教育についていける為の体力の向上、最低限の知識を学ぶ）を受ける事になった。

転属して間もなく、結局、英国へ行くことを決めた。

翌年二任期目が終了後、四年間の自衛隊生活を終了し、私は英国へ渡った。

4　自衛隊退職

生まれた時代、環境、両親、家族で人それぞれ違いはあるだろうが、私の六〇年間の人生を振り返ると、こう感じる。

この世に産まれ出て。時が止まっているかのような、とてつもなく永い退屈な時を過し、一〇歳になり。

一〇代から時計の針が時を刻みだし、少し早くなった。周りの雑音の中、雑夢に迷いながら入学、現実に目覚め、二〇歳になり。

二〇代から時計の針はその速さを増し、世間の雑夢に迷い悪夢を見、将来の夢を見て、人生の迷路へと入り込む。

三〇代から時計の針は一層速さを増す、やっとの思いで迷路から這い出る。

未来を夢見、時間に追われ、老後のことなど全く考える余裕もなく四〇歳になる。

四〇歳から五〇歳。時計の針は物凄い速さで進んでいる。あっという間に過ぎた一〇年。

五〇歳から六〇歳。時計の針はいっそう狂ったように回る。日本人男性平均寿命は八〇歳近い。しかし気付いた時には、私はすでに平均寿命の折り返し地点をはるか昔に通り過ぎていた。

私は明日から未知の六〇代に入る。私にとってこの世界はどんな世界になるだろう。六〇歳までは何とか無難に生きてきたが。

しかし、永く生き過ぎ、魂が抜けボロボロになった身体だけが生き残り、主（魂）を失ったその肉体は本能だけで一人動き回る。私もいずれその世界に入るのか。

人生は永く生きることよりその内容。自分の人生を振り返り考えることの出来るうちに、納得し死にたいものだ。

そう、人生そのものが夢の世界。夢なら早く覚めてほしいと思う人生か。この夢が覚めないでほしいと思う人生か。

六〇歳になって自分の人生を振り返り、やっと若い頃が一番輝いていたことに気付き、今の自分が別人のように見えるのは自分だけだろうか。

現職自衛官四年、即応予備自衛官三年、予備自衛官合わせて四一年間の自衛官生活の選択は、成功だったと言えるだろう。

死んでも心は自衛官でいたい。

5 同期の死

一九八三年のある日の夕食中、テレビを見ていると、ニューステロップで「陸上自衛隊航空学校宇都宮分校の操縦訓練用、連絡偵察機ＬＲ－１が墜落、乗員一名渡部三曹死亡」と流れた。

信じられなかった、頭が真白になった。

LR−1は、私が航空学校在隊中も二度胴体着陸をしたことがある（第6章1）。

二回とも教官・学生・整備士、怪我人すら出ず無事胴体着陸は成功していた。

今回も主却を一却折り、胴体着陸に備え燃料を減らすため飛行場周辺上空を旋回。

しかし旋回中に二階建て民家の屋根をかすめて道路に墜落したもので、胴体着陸ではなかった。燃料残量を誤りガス欠での墜落だった。

渡部は機付長として一人機内で胴体着陸の準備で動き回り、シートベルトもしていなかったようだ。


岩沼市で一緒に成人式をした五人のうち二人が飛行機で死んだ（実際には一人は今でも生死不明だが）。渡部は自衛隊に唯一残っていたから、これで一〇年前に配属になった航空学校岩沼分校、最後のPAC全員が自衛隊から居なくなったことになる。公務中の死で二階級特進したが、死んでしまっては……。

その夜、学校の後輩から電話が入った。

「明日の夜、お通夜。明後日、学校葬をします」

しかし私も今は結婚し、民間人として仕事に生活に金に追われ、全く余裕がない毎日で、仕事を休んで宇都宮まで行き、身内ではない者のお通夜・葬式に参列するのは大変なことだった。

成人式を共にして同じ釜の飯を食べ、苦楽をともにした渡部のお通夜にも行けない自分が情けなかった。

渡部はPAC同期の中で唯一まともな男で、PAC後期教育が終了し、配属先は違っても仲が良かった。

新潟県小千谷市出身。兼業農家の次男か三男だと記憶している。

当時美味い米の産地は新潟県のコシヒカリ、宮城県のササニシキと言われていた。確かに横須賀の武山駐屯地の食堂では、米の産地は分からなかったが不味かった。だが宮城県岩沼の学校食堂の米は大変美味かった、朝食には必ず仙台名物笹かまぼこも出た。自衛隊生活の四年間で一番嫌な期間だった岩沼分校時代で唯一良かったことだ。

しかし渡部は「小千谷の実家のコシヒカリの方が美味い」といつも言っていた。宇都宮に移駐し新潟県にも近くなったので渡部の実家に泊りに行き、その実家の美味しいコシヒカリを食べさせてもらうことになった。

渡部の実家はご両親・祖父母様もご健在で、お兄さんと新潟美人のお嫁さんとその子供たちの大家族で暮していた。

その晩早速、美味しいというコシヒカリをご馳走になった。確かに美味しかった。今まで食べてきた米は何だったのかと思うほどだった。私は実家の母親に食べさせてやりたいと思い、渡部のお父さんに頼んで、農協で米一〇〇キロを購入し、私の兄が東京の浅草でとんかつ屋を始めたので、開店祝いにそのコシヒカリ五〇キロを、実家に五〇キロを送り、大変喜ばれた。

その後、二〇〇四年一〇月、新潟県中越地震で小千谷も大変な被害にあい、渡部の実家のあの大家族は大丈夫だったろうかと心配だったが、結局何も出来なかったことが今でも心残りだ。

あとがき

昔も今も、日本国民のほとんどは、自衛隊のことなど考えず毎日生活をしている。自然災害などが発生した時、テレビ等で災害派遣をする自衛官たちを国民は当たり前のように見ているが、放映されなくなると、また自衛隊のことなど意識もしない生活に戻る。

アメリカの都合で警察予備隊として創設され、その後自衛隊となった軍隊。自衛隊に反対していた国民も、六〇年の歳月と豊かになった生活を背景に、いつしかその存在に対する意識も薄れ、自衛隊は空気のような存在になっているのだろう。

その存在は永い歳月をかけ、既成事実になった。

一九四五年の太平洋戦争終結後七年経って生まれた私も、今年六〇歳になる。もうすぐ終戦から七〇年、幸いにもその間日本は戦争（武力紛争）もなく、戦後生まれも四世代目が生まれる。

でも今の日本人のどれだけの人が、戦争がなく平和に暮らせる生活がどれほど幸せなことか考えているだろうか。

日本では当たり前となっている平和。日々の生活に追われ、日本が戦争（武力紛争）をするか・しないかも考えない、いや考える必要も無い日本人。長い間戦争がない今では、日本人にとって自衛隊は軍隊という意識も薄く、災害派遣救助隊かＰＫＯ活動をする国営の組織ぐらいにしか思っていないのだろう。

自衛官は災害派遣を除けば、公務員の中でも特に民間人と接触する機会も少ない閉鎖的世界。しかも雇い人と言える民間人の目もとどかない。自衛隊施設である駐屯地や演習場は、コンクリート塀やフェンスに囲まれているうえに面積も広く、外から見られる範囲も限られる。

自衛官たちは、戦争は起こらないと考えていても、災害派遣で疲れ果てていても、現場の隊員は陸士・陸曹を中心に、それを自分の仕事と考えクソ真面目に訓練を、演習をしている。

私の親世代のほとんどが、兵士として、家を守り子供を育てた母として戦争を体験した。しかし身内を亡くし悲惨だったあの戦争のことは思い出したくない、早く忘れてしまいたい。子供には自分たちと同じ思いをさせたくない、戦争の話など聞かせたくないと、ほとんどの親が私たち子供に戦争体験を語らず、苦労もさせたくないと考えていたようだ。

空襲で二〇〇以上の都市が被災し、死者は五五万人、負傷者は四三万人、内地全戸数の約二割にあたる約二二三万戸が被災した。そして広島、長崎への原爆投下。

戦死者の数については諸説あるが、終戦時、日本人戦死者は軍人で三〇〇万人以上、一般国民で二三〇万人と言われる。

焼け野原になった日本。それでも終戦から一一年後、一九五六年の経済白書「日本経済の成長と近代化」の結びで、「もはや戦後ではない」と記述された。

確かに日本はその時点で戦前より豊かになり、さらに高度経済成長を続け豊かになった生活環境を背景に、親たちは子供を過保護に育てた。

「ゆとりのない大人はゆとりのない子どもを作る」と言う人がいるが、私は日本の戦後の親は「ゆとりがあり過ぎてわがままな子どもを作っている」ように思う。

その子供が親になり、また「ゆとりのある大人」は子供を過保護に育て、戦争体験者はその孫にまで異常に過保護な愛情を注ぎ、両親祖父母と皆で過保護に育てたその孫がまた子供を育てる。

子供が他人に迷惑をかけても注意もしないどころか、その親まで一緒になり騒いでいる。しつけどころではない。親子してわがまましほうだい。

「自分が死ぬことで家族・国を守ることができれば、喜んで特攻に行きます！」

特攻機で出撃し戦死した兵だけでも四四〇〇人以上。彼らの死が無駄死にとは私は思いたくないが、今の日本人を見たらどんな気持ちになるだろう。

戦後から長い歳月を掛け少しずつ変わっていき、悪いこともいつの間にか感じなくなっている日本人。

豊かになり物も溢れている。しかしその豊かさと引き換えに、腐ったぬるま湯に首まで浸かって平和ボケし、義理人情どころか他人への気配り、思いやりもない利己主義人間が増え続けている。

その日本人が生み出した政治家は、国民の為でなく官僚の僕となり、自分の票、名誉、金のために。国民の税金で食べている国民の僕であるべき公務員官僚は、利権欲金銭欲のために。両者は責任もとらない。

かつて日本がアメリカと戦争していたことすら知らない若者は、日本のことを考えるどころか、無関心で投票も行かない。大人たちは自分の利益につながる候補者と、「いい男だから」くらいの理由で投票する。

四〇年前のあの時の、いい奴も悪い奴らも
あの頃の日本人はどこに行ってしまったのだろう――

本書の発刊にあたり、四〇年前、思い出すことすら辛い話を私に話してくれた今は亡き先輩たち、一緒に四年間を過ごした仲間と若くして亡くなってしまった者たち、米軍の友人、それとポチ。多くの人達の話と思い出に感謝すると共に、常備・即応・予備の現職自衛官の多くの人たちのご意見にも大変感謝しております。

また、元陸上自衛隊第一二旅団司令部付隊々長、トライアスロン世界選手権日本代表・二等陸佐森澤純一氏の貴重なご意見と、共栄書房の平田勝社長、編集部の佐藤恭介氏には大変お世話になり、初めての出版が出来た事をこの紙面を借りて改めて御礼申し上げます。

小栗新之助

小栗新之助（おぐり・しんのすけ）

1952年、群馬県生まれ。1972年、陸上自衛隊入隊、四年間の常備（現職）自衛官。除隊後、航空機エンジン製作会社就職の為渡英、その後ヨーロッパ各国を無銭旅行、数々のアルバイトを経験後に帰国。日本国内でも上越新幹線トンネル工事、大手警備会社、葬儀社と多種多様の職歴を積み、30歳から自営業開始。即応予備自衛官、予備自衛官として自衛隊を内外から見続ける。
銃剣道三段、柔道三段、空手二段、現職予備自衛官。

自衛隊青春日記

2013年2月25日　　初版第1刷発行

著者 ―― 小栗新之助
発行者 ― 平田　勝
発行 ―― 共栄書房
〒101-0065　東京都千代田区西神田2-5-11 出版輸送ビル2F
電話　03-3234-6948
FAX　03-3239-8272
E-mail　master@kyoeishobo.net
URL　http://www.kyoeishobo.net
振替　00130-4-118277
装幀 ―― 黒瀬章夫（ナカグログラフ）
カバーイラスト ― 平田真咲
印刷・製本 ― シナノ印刷株式会社

ISBN978-4-7634-1053-5 C0036